"十四五"时期国家重点出版物出版专项规划项目

智慧养殖系列

现代化猪场管理与标准化操作流程

◎ 齐景伟　王步钰　著

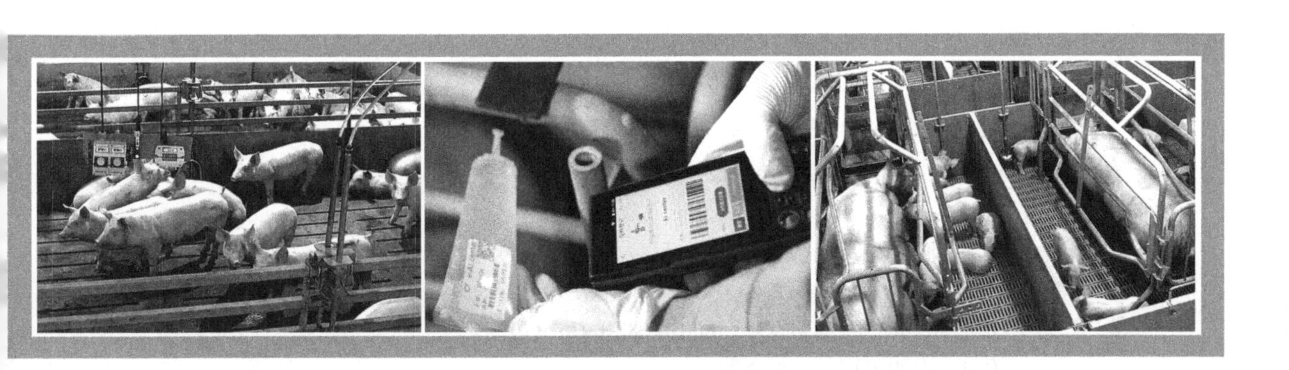

中国农业科学技术出版社

图书在版编目(CIP)数据

现代化猪场管理与标准化操作流程 / 齐景伟，王步钰著．--北京：
中国农业科学技术出版社，2023.6
ISBN 978-7-5116-6176-0

Ⅰ.①现…　Ⅱ.①齐…②王…　Ⅲ.①智能技术-应用-养猪学　Ⅳ.①S828-39

中国版本图书馆 CIP 数据核字(2022)第 248614 号

责任编辑　施睿佳　姚　欢
责任校对　马广洋
责任印制　姜义伟　王思文

出 版 者　中国农业科学技术出版社
　　　　　北京市中关村南大街 12 号　　邮编：100081
电　　话　(010) 82106631 (编辑室)　(010) 82109702 (发行部)
　　　　　(010) 82109709 (读者服务部)
网　　址　https://castp.caas.cn
经 销 者　各地新华书店
印 刷 者　北京建宏印刷有限公司
开　　本　185 mm×260 mm　1/16
印　　张　12.25　彩插　8 面
字　　数　275 千字
版　　次　2023 年 6 月第 1 版　2023 年 6 月第 1 次印刷
定　　价　58.00 元

《现代化猪场管理与标准化操作流程》
著作委员会

主　著：齐景伟　王步钰

参　著：王　园　安晓萍　刘　娜

前　言

我国是世界第一养猪大国，年生猪出栏头数占世界出栏总量的50%以上；我国也是猪肉消费大国，年猪肉消费量在5 000万 t 以上，占世界消费量一半左右。养猪业作为我国畜牧业主导产业之一，对保障国民肉食品有效供给、促进农业农村经济发展有重要意义。近年来，农业农村部不断推进生猪标准化养殖，以提高国内养殖企业的饲养管理水平、疾病防控能力、粪污处理能力，降低饲养成本，推动现代养猪业健康发展。

为了适应我国生猪标准化养殖发展的需要，我们组织编写了《现代化猪场管理与标准化操作流程》，重点介绍了公猪站、繁殖母猪场、育肥场各阶段标准化养殖操作规范，还介绍了猪场卫生管理、免疫管理等方面的操作规范，具有较强的针对性、操作性和实用性。本书可作为新农科背景下高等农林院校和高职院校畜牧专业教材，也可作为现代化猪场标准化养殖培训资料。相信本书的出版对提高养猪生产管理水平，促进养猪效益的提升具有重要意义。

全书共分为十三章，第一章与第二章由齐景伟教授所著，第三章至第五章由王步钰副教授所著，第六章至第十三章主要由王步钰副教授、王园教授所著，参著的有安晓萍、刘娜。

著　者

2023 年 1 月

前言

目　录

第一章　品种及品种选育

第一节　主要生猪品种及其生产性能

社会生产力发展水平和消费需求，影响着猪品种发展的方向与消长。20世纪以前，我国养殖品种以地方猪种为主。20世纪初，巴克夏猪、约克夏猪、苏联大白猪、克米洛夫猪、长白猪等外国猪种开始输入我国。自20世纪80年代以来，随着现代中国养猪业的发展，根据市场需求的变化，国内较多引进了长白猪、大白猪、杜洛克猪、汉普夏猪等国外品种，并用于开展经济杂交生产。当代标准化生猪养殖的主流品种是大白猪、长白猪、杜洛克猪3个品种（表1-1）。

一、大白猪

大白猪，亦称约克夏猪，原产于英国北部的约克郡及其邻近地区。大白猪体格大，成年公猪体重250~300 kg，成年母猪体重230~250 kg。全身被毛白色，头长，颜面宽而呈中等凹陷，耳直立，体躯长，胸深广，背平直稍弓，腹充实而紧，后躯宽长，乳头7~8对。

在繁殖性能方面，在3大主流猪种中，大白猪较高。母猪初情期165~195日龄，适宜初配日龄220~240 d，适宜初配体重120 kg以上；初产母猪总产仔数10头以上，经产母猪12头以上；初产母猪21日龄仔猪窝重达50 kg以上，经产母猪55 kg以上（表1-1）。

在生产性能方面，大白猪具有生长速度快、饲料利用率高、胴体瘦肉率高的特点。料重比可达（2.3~2.6）：1，达100 kg体重日龄小于180 d，达100 kg体重背膘厚15 mm，胴体瘦肉率65%以上。

二、长白猪

长白猪，亦称兰德瑞斯猪，因其体躯长、全身被毛白色而得名，原产于丹麦。相较于大白猪，成年长白猪体重更大，成年公猪体重250~350 kg，成年母猪体重220~300 kg。被毛全白，头小颈轻，颜面平直，耳较大、前倾或下垂，体躯较长，呈前窄后宽的流线型，背腰、腹部平直，臂腿丰满，体质结实，乳头7~8对。

长白猪同样具有较高的繁殖性能，但性成熟较晚，母猪初情期170~200日龄，适宜初配日龄 230~250 d，适宜初配体重 120 kg 以上；初产母猪总产仔数 10 头以上，经产母猪 11 头以上；初产母猪 21 日龄仔猪窝重达 50 kg 以上，经产母猪 55 kg 以上。

在生产性能方面，长白猪同样具有增重快、饲料利用率高、胴体瘦肉率高的特点，但抗逆性差，对饲料营养要求较高。在良好饲养管理条件下，料重比可达（2.4~2.6）：1，达 100 kg 体重日龄小于 180 d，达 100 kg 体重背膘厚 15 mm，胴体瘦肉率约 65%。

三、杜洛克猪

杜洛克猪，原产于美国东北部的纽约州和新泽西州。在 3 大主流猪种中，体型最大，成年公猪体重 340~450 kg，成年母猪体重 300~390 kg。全身皮毛棕红色，少数为浅棕色至深棕色不一，皮肤上可有黑色斑点，头部较小，脸面微凹，耳中等大小，耳尖部前耷，体躯宽深，背腰微弓，腹部平直，四肢粗壮，蹄壳黑色，腿臀肌肉发达丰满。

在繁殖性能方面，在 3 大主流猪种中，杜洛克猪较差，体现在产仔数较少、泌乳性能较差。母猪初情期 170~200 日龄，适宜初配日龄 220~240 d，适宜初配体重 120 kg 以上；初产母猪总产仔数 8 头以上，经产母猪 9 头以上；初产母猪 21 日龄仔猪窝重达 40 kg 以上，经产母猪 50 kg 以上。

在生产性能方面，在 3 大主流猪种中，杜洛克猪增重更快、饲料利用率更高、胴体瘦肉更多，料重比可达（2.3~2.5）：1，达 100 kg 体重日龄小于 180 d，达 100 kg 体重背膘厚小于 15 mm，胴体瘦肉率大于 66%。杜洛克猪适应性较强，不易产生 PSE 肉和 DFD 肉。

表 1-1　3 大主流品种主要性能比较

项目	大白猪	长白猪	杜洛克猪
繁殖性能			
母猪初情期日龄（d）	165~195	170~200	170~200
适宜初配时期			
日龄（d）	220~240	230~250	220~240
体重（kg）	>120	>120	>120
产仔数（头）			
初产	>10	>10	>8
经产	>12	>11	>9
21 日龄仔猪窝重（kg）			
初产	>50	>50	>40
经产	>55	>55	>50
生产性能			
料重比	（2.3~2.6）：1	（2.4~2.6）：1	（2.3~2.5）：1

（续表）

项目	大白猪	长白猪	杜洛克猪
达 100 kg 体重日龄（d）	<180	<180	<180
达 100 kg 体重背膘厚（mm）	15	15	<15
胴体品质			
屠宰率（%）	>70	>70	>70
后腿比例（%）	>32	>32	>32
胴体背膘厚（mm）	<18	<18	<18
胴体瘦肉率（%）	>65	≈65	>66

第二节　品种选育

一、猪的主要经济性状及标准化测定

（一）生长性能

生长性能包括达目标体重日龄、测定期日增重、达目标体重背膘厚、达目标体重眼肌面积、饲料转化率 5 个指标。

1. 达目标体重日龄

待测猪体重达到目标体重（通常为 100 kg）时的日龄。

（1）记录待测猪只的出生日期后，将其赶入笼秤内，按设备操作说明称量并记录。

（2）计算达 100 kg 体重日龄，测定结果保留 1 位小数，计算公式为：

达 100 kg 体重日龄(d)= 从出生到称重当天的自然天数 + [(100−结测当天称量的实际重量)×(从出生到开测当天的自然天数−校正参数)/结测当天称量的实际重量)]　（1.1）

式 1.1 中校正参数见表 1-2。

表 1-2　目标体重为 100 kg 的校正参数　单位：d

品种	公猪	母猪
大白猪	50.775	46.415
长白猪	48.441	51.014
杜洛克猪	55.289	49.361

2. 测定期日增重

在测定期（通常为 30～100 kg）内待测猪增重量与相应饲养天数的比值，单位为 g/d。

（1）记录待测猪只的出生日期后，将其赶入笼秤内，按设备操作说明称量并记录。

（2）计算达 30 kg 体重日龄，测定结果保留 1 位小数，计算公式为：

达 30 kg 体重日龄（d）= 从出生到开测当天的自然天数 +
［(30－开测当天称量的实际重量）×校正参数］ （1.2）

式 1.2 中校正参数杜洛克猪为 1.536、长白猪为 1.565、大白猪为 1.550。

（3）计算测定期日增重，测定结果保留 1 位小数，计算公式为：

测定期日增重（g/d）=（70×1 000）/（达 100 kg 体重日龄－达 30 kg 体重日龄）
（1.3）

3. 达目标体重背膘厚

在测定达目标体重日龄时，同时采用 B 超仪测定达目标体重（通常为 100 kg）活体背部脂肪层（含皮层）扫描断面的深度，以 mm 为单位。

（1）称重：将待测猪赶入已校准的活体称量设备内，称重并记录。

（2）保定：采用专门设备进行保定，使待测猪保持背腰平直的站立姿势。

（3）测定部位：左侧倒数第 3~4 根肋骨，距背中线 5 cm 处。

（4）测定方法如下。

平行法。待测猪保定后，由左侧胸腰结合部、距背中线 5 cm 处向肩部涂抹耦合剂，长度约 15 cm。将探头置于涂有耦合剂的测定部位，使探头距背中线 5 cm，并保持与背中线平行、密合，且垂直于皮肤。向肩部移动探头，直至显示倒数第 1~4 根肋骨的清晰影像，冻结影像。测量起点为皮肤上缘与耦合剂形成的灰线，止点是眼肌上缘筋膜层形成的白色亮带中间点。

垂直法。待测猪保定后，将耦合剂涂抹至倒数第 3~4 根肋骨处（距胸腰结合部约 15 cm，可用触摸肋骨的方式确定），由背中线左侧开始，垂直向下涂抹，长度约 15 cm。将马鞍型硅胶模内槽涂抹耦合剂，转入探头，确认二者密合并固定。将探头置于涂有耦合剂的测定部位，使探头方向与背中线垂直，探头中部保持与背中线约 5 cm 距离。移动探头，直至眼肌轮廓影像完整清晰，冻结影像。测量起点为影像中最上端亮白弧线顶部的上缘，止点为眼肌上缘筋膜层形成的白色亮带中间点。

（5）达 100 kg 体重背膘厚的校正公式如下。

达 100 kg 体重背膘厚（mm）= 实测背膘厚（mm）×CF （1.4）

式 1.4 中 CF = A/［A+B×（实测体重－100）］，校正所需 A 和 B 值见表 1-3。

表 1-3 校正所需 A 和 B 值一览表

品种	公猪		母猪	
	A	B	A	B
大白猪	12.402	0.106 530	13.706	0.119 624
长白猪	12.826	0.114 379	13.983	0.126 014
汉普夏猪	13.113	0.117 620	14.288	0.124 425

（续表）

品种	公猪		母猪	
	A	B	A	B
杜洛克猪	13.468	0.111 528	15.654	0.156 646
其他类型	根据其性能特征参照以上品种特征执行			

4. 达目标体重眼肌面积

在测定达目标体重日龄时，同时采用B超仪测定达目标体重（通常为100 kg）活体背最长肌扫描断面的面积（含表层筋膜），以cm^2为单位。

（1）称重：将待测猪赶入已校准的活体称量设备内，称重并记录。

（2）保定：采用专门设备进行保定，使待测猪保持背腰平直的站立姿势。

（3）测定部位：左侧倒数第3~4根肋骨，距背中线5 cm处。

（4）测定方法：待测猪保定后，将耦合剂涂抹至倒数第3~4根肋骨处，由背中线左侧开始，垂直向下涂抹，长度约15 cm。将安装有马鞍型硅胶模的探头置于涂有耦合剂的测定部位，使探头方向与背中线垂直，探头中部保持与背中线约5 cm距离。移动探头，直至眼肌轮廓影像完整清晰，冻结影像。测量起止点位于影像中眼肌筋膜形成的、近似椭圆形的亮白弧线上，起点为此亮白弧线上的任意一点，止点与起点完成重合。

（5）达100 kg体重眼肌面积的校正公式如下。

$$\text{达100 kg体重眼肌面积}(cm^2) = \text{实测眼肌面积} + (100 - \text{测定当天称重的实际体重}) \times [\text{实测眼肌面积}/(\text{实测眼肌面积}+155)] \quad (1.5)$$

5. 饲料转化率

在测定期（通常为30~100 kg）内待测猪每单位增重所消耗的饲料量。

（1）从自动饲喂设备的软件中导出开测当天至结测当天的饲料消耗总量。

（2）计算饲料转化率，测定结果保留2位小数，计算公式为：

$$\text{饲料转化率} = \text{测定期饲料消耗总量}/(\text{结测当天称量的实际体重} - \text{开测当天称量的实际体重}) \quad (1.6)$$

（二）繁殖性能

繁殖性能包括总产仔数、产活仔数、初生重、断奶重、断奶仔猪数5个指标。

1. 总产仔数（头/窝）

出生时同窝的仔猪总数，包括死胎、木乃伊胎、产后即死和畸形胎在内。

2. 产活仔数（头/窝）

出生时同窝存活的仔猪数，包括出生时衰弱即将死亡的仔猪在内。

3. 初生重（kg/头）

仔猪出生时的个体重，在出生后12 h内测定，只测出生时存活仔猪的体重。

4. 断奶重（kg/窝）

断奶时全窝仔猪重量之和，包括寄养的仔猪在内，但寄出的仔猪体重不应计在内。

寄养应在出生后 3 d 内完成，注明寄养情况。

5. 断奶仔猪数（头/窝）

断奶时同窝的仔猪头数，含寄养的仔猪。

（三）胴体性状

胴体性状包括宰前活重、胴体重、胴体长、平均背膘厚、眼肌面积、腿臀比例、胴体瘦肉率、屠宰率等指标。

1. 宰前活重（kg）

待测猪只体重达 100 kg 后，停食但不停水 24 h 的空腹体重。

2. 胴体重（kg）

待测猪只屠宰后放血、脱毛后，去掉头、蹄、尾及内脏（保留板油和肾脏）的两边胴体重量。去头部位在耳根后缘及下颌第一条自然皱纹处，经枕寰关节垂直切下。前蹄的去蹄部位在腕掌关节，后蹄在跗关节。去尾部位在尾根紧贴肛门处。

3. 胴体长（cm）

待测猪胴体倒挂时，从耻骨联合前沿至第一颈椎前沿的直线长度。

4. 平均背膘厚（mm）

待测猪胴体倒挂时，背中线肩部最厚处、最后肋处和腰荐椎结合处 3 点的平均脂肪厚度。

5. 眼肌面积（cm^2）

待测猪宰后胴体最后肋处背最长肌的横截面面积。

6. 腿臀比例（%）

待测猪宰后，沿倒数第一腰椎与倒数第二腰椎之间处垂直切下的左边腿臀重占左边胴体重的比例。

7. 胴体瘦肉率（%）

待测猪宰后，左侧胴体进行组织剥离，分为骨骼、皮肤、肌肉和脂肪 4 种组织，胴体瘦肉率为瘦肉量占 4 种组织总量的比例。组织剥离时，肌间脂肪算作肌肉不另剔除，皮肌算作脂肪不另剔除，软骨和肌腱算作肌肉，骨上的肌肉应剥离干净，剥离过程中的损失应不高于 2%。

8. 屠宰率（%）

待测猪宰后，胴体重占宰前活重的比例。

（四）肉质性状

肉质性状包括肉色、pH 值、系水力、肌内脂肪等指标。

1. 肉色

肌肉横截面积颜色的鲜亮程度，取决于肌肉色素含量，色素越少，肉色越浅，色素含量的多少受肌肉 pH 值的影响。

（1）测定时间：待测猪停止呼吸 1~2 h 内。

（2）测定部位：左侧胴体倒数第 3~4 胸椎处背最长肌。

（3）测定方法如下。

比色板评分法。在室内白天自然光线下进行，不允许阳光直射肉样评定面。采用6分制比色板评分：1分为PSE肉（微浅红白色到白色）；2分为轻度PSE肉（浅灰红色）；3分为正常肉色（鲜红色）；4分为正常肉色（深红色）；5分为轻度DFD肉（浅紫红色）；6分为DFD肉（深紫红色）。可在两整数间增设0.5分档，记录评分值。

光学测定法。采用色差仪测定，色差仪应配备D65光源，波长400~700 nm。色差仪是一种采用L、a^*、b^*测定颜色的专业仪器，其中，L代表亮度，取值0~100，值越大代表亮度越大；a^*、b^*值有正负值之分，a^*值代表红绿色评分，正值代表红，负值代表绿；b^*值代表黄蓝色评分，正值代表黄色，负值代表蓝色。猪肉颜色重点看L和a^*值，a^*值越大表示肉色越红，L值越大表示肉色越浅。

2. pH值

宰后一定时间内肌肉的酸碱度。

（1）测定时间：待测猪停止呼吸后45 min内测定，记为$pH_{45\ min}$；待测猪停止呼吸后24 h测定，记为$pH_{24\ h}$。

（2）测定部位：左侧胴体倒数第1~2胸椎段背最长肌。

（3）测定方法：用直插式pH计插入背最长肌测定。

3. 系水力

离体肌肉在特定条件下，在一定时间内保持其内含水分的能力。系水力是肉质的重要性状，直接影响肉品的加工质量，也影响肌肉的嫩度。系水力受肌肉pH值的影响。常通过测定滴水损失、失水率、蒸煮损失来进行间接评定。

（1）滴水损失测定。

测定时间：待测猪停止呼吸1~2 h内。

测定部位：左侧胴体倒数第3~4胸椎段背最长肌。

测定方法：剔除肉样外周肌膜，顺肌纤维走向修成约4 cm×4 cm×4 cm的肉块；用天平称量每块肉块的挂前重；肌纤维垂直向下悬挂于充入氮气的塑料袋内，避免肉样与塑料袋接触，扎紧塑料袋口后，放入4 ℃冰箱内保存24 h；滤纸吸干肉块表面水分后，称量每块肉块的挂后重。计算公式为：

滴水损失（%）=（吊挂前肉块重-吊挂后肉块重）/吊挂前肉块重×100%　（1.7）

（2）失水率测定。

测定时间：待测猪停止呼吸1~2 h内。

测定部位：左侧胴体倒数第3~4胸椎段背最长肌。

测定方法：剔除肉样外周肌膜，切取厚度1 cm的肉片，用圆形取样器（直径2.523 cm，面积约5 cm^2）取肉样，用天平称量每块肉片压前重；放于18层滤纸的板上，在肉样上再放相同的滤纸，置于压肉仪平台上加压35 kg，保持5 min，撤除压力后称肉样压后重。计算公式为：

失水率（%）=（压前肉样重量-压后肉样重量）/压前肉样重量×100%　（1.8）

（3）蒸煮损失测定。

测定时间：待测猪停止呼吸2 h内。

测定部位：左侧胴体腰大肌中段。

测定方法：剔除肉样外周肌膜，取 100 g 肉样称取蒸前重，沸水蒸煮 30 min 后，吊挂于室内阴凉处冷却 15~20 min 后，称取蒸后重。计算公式为：

蒸煮损失（%）＝（蒸前肉样重量−蒸后肉样重量）/蒸前肉样重量×100%（1.9）

4. 肌内脂肪

直接影响猪肉的嫩度和多汁性。

（1）测定时间：待测猪停止呼吸 24 h 内。

（2）测定部位：左侧胴体倒数第 3~4 胸椎段背最长肌。

（3）测定方法如下。

大理石纹评分法。该方法可以直观地表达胴体肌肉的脂肪含量，在室内白天自然光线下进行，评分标准为：1 分为脂肪呈痕（迹）量分布；2 分为脂肪呈微量分布；3 分为脂肪呈少量分布（理想分布）；4 分为脂肪呈适量分布（理想分布）；5 分为脂肪呈过量分布。两分间允许评 0.5 分；结果用平均数表示。

乙醚索氏抽提法。切取 300~500 g 肉样，采用乙醚索氏抽提法定量测定计算。

（五）种猪性能测定标准化操作流程

1. 待测猪准备

体重为 20~26 kg，且日龄小于 70 d；外貌符合本品种特征，生长发育良好，无遗传缺陷；按全国统一的种猪编号系统编号；种猪场基本情况、品种品系来源、系谱档案、免疫情况、健康检验检测报告材料完备。

2. 猪群交接

对猪群运载车辆必须彻底清洗、严格消毒；种猪性能测定中心查验检疫证、品种品系来源、系谱档案、免疫情况和健康检验检测报告等材料；称量体重并记录；佩戴测定个体的唯一性标识，送入隔离舍。

3. 隔离观察

隔离观察期 10~15 d，期间自由采食、饮水，进行猪群采食、活动观察，疫苗补注，健康复查。隔离观察结束后随机进入测定栏，转入测定期。

4. 生长性能测定

个体重达 27~33 kg 开始测定，至 85~105 kg 时结束。定时称重，同时记录称重日期、重量，每天记录饲料消耗量，计算个体重达 30~100 kg 时的平均日增重和饲料转化率。

5. 胴体和肉质性状测定

生长性能测定结束后，按照胴体性状和肉质性状测定要求进行。

6. 待测猪患病应及时治疗

1 周内未治愈且采食不正常应退出测定，并称重和结料；若出现死亡，应有尸体解剖记录。

二、后备种猪选种标准

选种就是准确选出优秀后备种猪的过程。一般公猪选择的重点是形体好、瘦肉率高、生长快、饲料转化率高、肢蹄结实；母猪选择的重点是繁殖性能好、产仔多、泌乳力强、温驯易管理。通常规模化猪场种公猪年更新率为30%～35%、种母猪年更新率为30%～40%。

（一）后备公猪选种标准

1. 选种日龄

根据本场的生产计划，依据各个引种场的需求时间，结合后备公猪隔离驯化相关要求倒推选种日龄，提前将下游商品猪场所需的后备公猪挑出，集中饲养。

2. 选种流程

分别于仔猪出生、断奶、4月龄和6月龄进行阶段性选择。

（1）出生阶段初选。系谱清晰，父母生产性能优异；无遗传缺陷；耳缺清晰；选同窝中大体重个体；每窝不要留太多。

（2）断奶阶段二选。参考母猪的哺乳率和断奶窝重，保留同窝中生长发育良好、体格健壮个体。

（3）4月龄三选。选留符合本品种特征和具有优秀种用公猪特征的后备猪。头型：要求清秀，无腮肉或小腮肉。耳型：要求符合本品种特征外貌。腰肩：要求腰肩平直、腰肩结合良好，过渡平稳。后躯：要求丰满、肌块明显。四肢：要求健壮、直立、行走自如、步态轻盈。蹄：两蹄齐整，无卧系。乳头：杜洛克猪要求6对以上，长白猪、大白猪要求7对以上，无副乳头、瞎乳头和内翻乳头。要求生殖器官发育良好，睾丸大小适中、一致对称，包皮小，无积尿。

（4）6月龄选留。测定其生长性能，包括达100 kg体重日龄、日增重、背膘厚、眼肌面积等，计算育种值。综合考虑育种指数和体型外貌来进行后备公猪的最终选留与引种。淘汰掉生长发育不达标、生殖器官发育不良和有疾病或检疫不合格的公猪。

（二）后备母猪选种标准

1. 选种日龄

与后备公猪类似，需根据本场的生产计划，依据各个引种场的需求时间，结合后备母猪隔离驯化相关要求倒推选种日龄，提前将下游商品猪场所需的后备母猪挑出，集中饲养。

2. 选种流程

分别于出生阶段、断奶阶段、8～10周保育阶段和140～150 d（20周左右）育成阶段进行选留。

（1）仔猪出生时：参考亲本生产性能，选留初生重大于1.2 kg、有效乳头数大于数14个、四肢良好的仔猪，剔除有遗传缺陷表现及有遗传疾病历史的整窝仔猪和初生重偏低的仔猪。

（2）断奶时：选留有效乳头数16个且间距均匀、四肢良好的仔猪，有效乳头数14个的仔猪可作备用，剔除耳朵损伤、疝气仔猪。

(3) 保育阶段：检查前 2 个阶段遗漏的选留缺陷，关注有效乳头和体型发育，剔除生长发育受阻、有生理缺陷的猪只。

(4) 育成阶段：从头颈部、背部、乳头、肢蹄、后躯按体型外貌标准进行选留。机能健全的有效乳头 7 对或 7 对以上，且前 3 对乳头在肚脐前，有效乳头充分发育且无组织损伤、分布均匀、大小一致、长度合理，可用手抓住而不从手指间滑掉；生殖器官发育正常，外阴大小适中、不上翘，无破损或锁肛；关节发育正常、无变形；前后肢与前后躯各部位结合紧凑；站立时，前肢轴线与地面垂直，后肢不前倾，跗关节不内靠、外翻；前后腿和系部粗壮结实，有弹性；趾蹄结实、对称、大小一致，无蹄裂。四肢动作灵活协调，无扭动、跛行等异常现象。

三、杂交利用

不同品种或品系的猪间交配叫杂交，所生后代称为杂种猪。杂交的目的在于利用杂种优势加速品种改良。所谓杂种优势，是指不同品种或品系间杂交产生的后代，其适应性、生殖力、生产性能等方面优于其亲本纯繁群体。一般来说，杂种猪增重和饲料效率的杂种优势率分别为 5%~10%和 8%~13%，杂种母猪产仔数和断奶窝重的杂种优势率分别为 8%~10%和 45%。因此，在养猪生产中，合理利用杂种优势，开展有计划的 2 个或 2 个以上品种的经济杂交，快速高效生产具有高度经济价值的商品猪，可缩短育肥期、提高出栏率、改善胴体品质和降低养殖成本。经过多年的科学试验和生产实践，目前形成了效果好和应用广泛的杂交组合和配套系。

（一）二元杂交

二元杂交即利用 2 个不同品种（系）的公母猪杂交，产生具有较高生产性能的一代杂种，一代杂种无论公母猪都不作种用，只作经济利用。二元杂交方法的优点是简单易行，可获得最大的个体杂种优势；缺点是父本和母本品种均为纯种，不能利用父本和母本杂种优势，并且杂种的遗传基础不广泛，无法利用多个品种的基因加性互补效应。目前，养猪生产中应用较多的是长白猪与大白猪进行二元杂交，生产长大二元杂交猪或大长二元杂交猪。其杂交模式如图 1-1 所示。

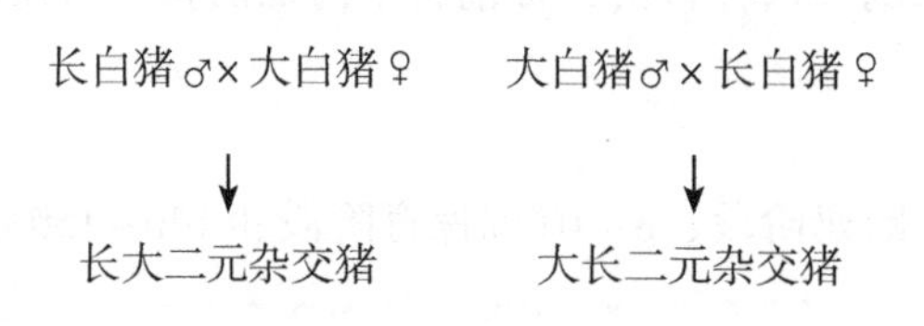

图 1-1 二元杂交

（二）三元杂交

三元杂交是指 2 个品种（系）杂交所生产的一代杂种母猪，再与第三品种

（系）公猪杂交，产生的三元杂种作为商品育肥猪。三元杂交方法的优点是可获得最大的个体杂种优势和效果十分显著的母本杂种优势，并且遗传基础也较广泛，可以利用3个品种（系）的基因加性互补效应；缺点是需要饲养3个纯种（系），不能利用父本杂种优势。目前，养猪生产中具有重要作用的是以杜洛克猪、长白猪与大白猪进行三元杂交，生产杜长大三元杂交猪或杜大长三元杂交猪。其杂交模式如图1–2所示。

长白（或大白）猪♂ × 大白（或长白）猪♀

↓

杜洛克猪♂ × 长大（或大长）二元杂交猪♀

↓

杜长大（或杜大长）三元杂交猪

图1–2　三元杂交

（三）四元杂交

四元杂交是用4个品种（系）分别两两杂交获得杂种父本和母本，再杂交获得四元杂交的商品育肥猪。在国外常采用汉普夏（或皮特兰）猪与杜洛克猪的杂种公猪，配大白猪与长白猪的杂种母猪，生产四元杂交的商品育肥猪（图1–3）。四元杂交的优点是可以利用4个品种（系）的遗传互补以及个体、母本和父本的杂种优势；缺点是需要比三元杂交多饲养1个纯种（系），且在人工授精技术广泛应用的现在，使如配种能力强等父本杂种优势不能充分表现出来。因此，目前养猪生产中更趋向于应用三元杂交。

汉普夏（或皮特兰）猪♂ × 杜洛克猪♀　　长白（或大白）猪♂ × 大白（或长白）猪♀

↓　　↓

汉杜（或皮杜）二元杂交猪♂ × 长大（或大长）二元杂交猪♀

↓

汉杜长大（或皮杜大长）四元杂交猪

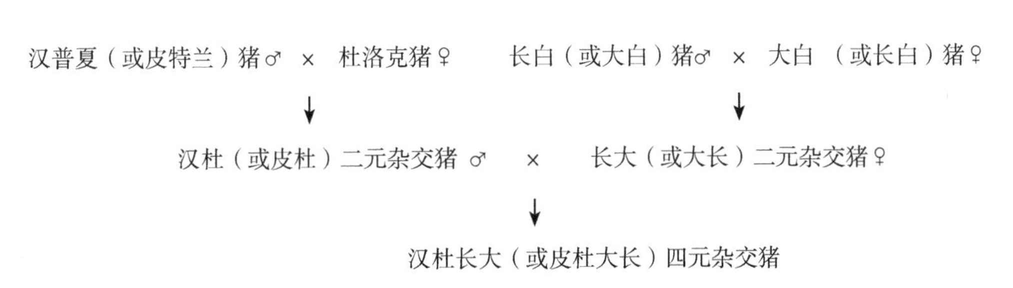

图1–3　四元杂交

四、专门化品系配套杂交

专门化品系是指生产性能专门化的品系，是按照育种目标进行分化选择育成的，具有某个方面的突出优点，不同的品系配置在完整繁育体系内不同层次的指定位置，承担着专门任务。一般而言，专门化父系应集中表现生长快、饲料利用率高和胴体品质好等特点；专门化母系则集中表现良好的产仔数、泌乳力等繁殖性状。利用专门化品系配套杂交生产优良商品猪（杂优猪），是理想的杂交方式，适合于集约化规模化饲养。国内外育种公司已经成功建立了多个专门化品系配套杂交体系，如 PIC 配套系、斯格配套系、迪卡配套系等，这些配套系通常由 5 个专门化品系组成（图 1-4），各专门化品系基本来源于长白猪、大白猪、杜洛克猪等品种，其商品代猪具有生长速度快、饲料利用率高、胴体瘦肉率高、肉质好、抗应激等特点。

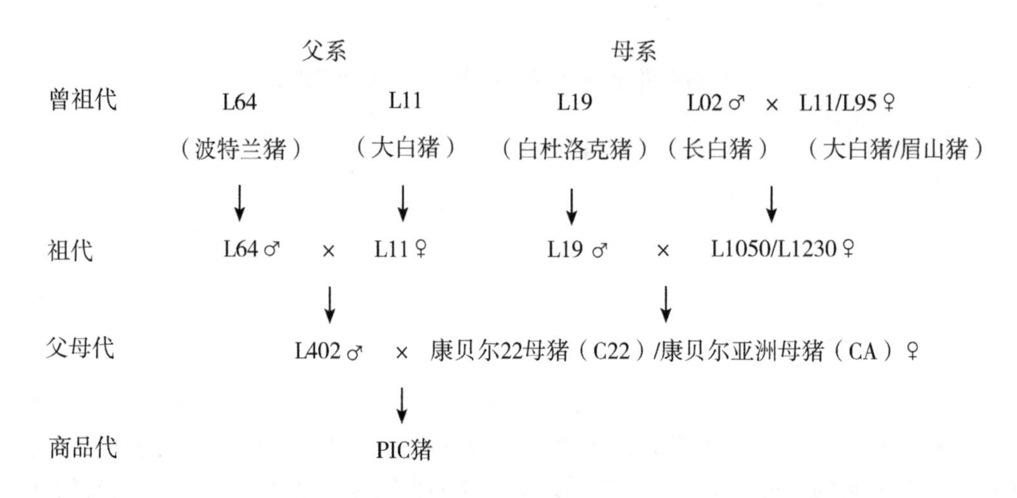

图 1-4　PIC 配套系种猪体系模式

第二章　营养与饲喂管理

第一节　种公猪营养需要和饲喂方案

一、种公猪的营养需要

种公猪担负着配种的主要任务，营养是维持公猪生命活动、精子产生和旺盛繁殖力的物质基础。只有营养全面才能使公猪保持种用价值，种公猪饲粮能量、钙、磷和氨基酸需要量见表 2-1。

表 2-1　种公猪饲粮能量、钙、磷和氨基酸需要量

指标	体重				
	50~75 kg	>75~100 kg	>100~130 kg	>130~170 kg	>170~300 kg
采食量（g/d）	2 100	2 370	2 560	2 350	2 650
消化能（MJ/kg）	14.31	14.31	14.31	14.31	14.31
代谢能（MJ/kg）	13.76	13.76	13.76	13.76	13.76
净能（MJ/kg）	10.59	10.59	10.59	10.59	10.59
日增重（g）	850	920	900	400	200
粗蛋白质（%）	17.00	16.00	15.00	15.00	15.00
钙（%）	0.75	0.75	0.75	0.75	0.75
总磷（%）	0.60	0.60	0.60	0.60	0.60
有效磷（%）	0.21	0.21	0.21	0.21	0.21
标准回肠可消化					
赖氨酸（%）	0.82	0.80	0.75	0.57	0.50
蛋氨酸（%）	0.24	0.24	0.22	0.09	0.08
蛋氨酸+胱氨酸（%）	0.55	0.55	0.51	0.28	0.25
苏氨酸（%）	0.49	0.49	0.46	0.25	0.22
色氨酸（%）	0.14	0.14	0.13	0.22	0.20

（续表）

指标	体重				
	50~75 kg	>75~100 kg	>100~130 kg	>130~170 kg	>170~300 kg
异亮氨酸（%）	0.42	0.42	0.39	0.35	0.31
亮氨酸（%）	0.81	0.81	0.76	0.37	0.32
缬氨酸（%）	0.53	0.53	0.49	0.30	0.26
精氨酸（%）	0.36	0.36	0.34	0.22	0.19
组氨酸（%）	0.27	0.27	0.26	0.17	0.15
苯丙氨酸（%）	0.48	0.48	0.45	0.40	0.35
苯丙氨酸+酪氨酸（%）	0.76	0.76	0.71	0.65	0.57

（一）能量需要

种公猪对能量的需要主要包括维持自身的需要、精液产生的需要、交配活动的需要，以及当环境的温度低于下限临界温度时的额外产热的需要。能量摄入水平不够会造成公猪体内脂肪、蛋白质耗损，形成氮、碳代谢的负平衡，公猪过瘦，射精量少，精液品质差，配种受胎率下降；而能量摄入过多会造成公猪体内沉积脂肪过多而致肥胖、性欲减弱、精液品质下降，另外体重过大会引发腿部疾病而影响采精。

（二）蛋白质和氨基酸需要

饲粮中蛋白质营养对公猪精液品质具有重要影响，适宜的蛋白质水平有助于猪精液品质的改善。饲粮中蛋白质低于10%对精液品质有不良影响，而长期饲喂蛋白质过多的饲粮（粗蛋白质为16%~18%）会导致血氨、粪臭素升高，精液品质下降，还会引起公猪体重超标。氨基酸是合成蛋白质的基本单元，公猪饲粮中氨基酸水平也是影响公猪精液质量的重要因素。精氨酸是精子生成所必需的营养物质，可以增加多胺和精氨酸富集的基质蛋白的合成以及调控一氧化氮的生成，从而提高精子存活率。赖氨酸和蛋氨酸也是对公猪精液品质有影响的氨基酸，直接影响到公猪射精总精子数。另外，一些具有抗氧化应激作用的氨基酸，如天冬氨酸或谷氨酸，可以提高猪睾丸中抗氧化酶的活性，降低精子的氧化损伤，改善精子密度和精子畸形率。

（三）维生素需要

维生素在机体营养代谢中主要以辅酶形式发挥作用，且只需要少量就可以满足机体正常需要。具有抗氧化功能的维生素E和维生素C，能增强机体抗氧化活性，可以提高睾丸中精子量、睾丸支持细胞数量、次级精母细胞数量、每次射精的精子总量及活力，降低精子畸形率，从而改善猪精液品质。维生素D可以提高公猪血浆睾酮含量，提高精清钙离子和果糖含量以及酸性磷酸酶活性，从而改善精液品质。维生素B_7作为B族维生素一员，是一种水溶性含硫维生素，缺乏生物素会导致公猪脱毛、皮肤呈干燥鳞状、后肢痉挛、蹄底软组织腐烂、趾蹄和蹄冠大面积破裂，有的还会引起继发炎症感染。剧烈的疼痛会使种公猪严重跛行，不能爬跨采精，性欲丧失，失去种用价值。

（四）矿物质需要

体格健壮是评价种公猪繁殖性能的一个重要指数，肢蹄相关问题是导致公猪缺乏性欲、无能力爬跨的主要因素。钙、磷的缺乏会造成种公猪出现肢蹄病，从而影响到种公猪的性欲和爬跨能力；钙、磷的缺乏还会使精子发育不全、活力下降，死精的数量增加。硒、锌的抗氧化作用对维持公猪精液品质起到重要贡献。硒是谷胱甘肽过氧化物酶的组成成分，该酶可消除脂质过氧化物的毒性作用，保护细胞及亚细胞膜免受过氧化物的损伤。锌参与调控金属硫蛋白、谷胱甘肽过氧化物酶等抗氧化物质的表达及活性，而且在细胞增殖、分化和代谢中发挥重要作用。缺锌会导致种公猪间质细胞发育缓慢，使促黄体生成激素降低，影响睾丸类固醇的生成；缺硒则会引起睾丸退化、精液品质下降。除了硒和锌元素外，铜、铁、锰等微量元素也促进精子正常产生和维持精子活力。种公猪饲粮矿物质、维生素和脂肪酸需要量见表 2–2。

表 2–2　种公猪饲粮矿物质、维生素和脂肪酸需要量

指标	体重
	130~300 kg
矿物质	
钾（%）	0.20
钠（%）	0.15
氯（%）	0.12
镁（%）	0.04
铁（mg/kg）	80.00
铜（mg/kg）	5.00
锰（mg/kg）	20.00
锌（mg/kg）	50.00
碘（mg/kg）	0.14
硒（mg/kg）	0.30
维生素和脂肪酸	
维生素 A（IU/kg）	4 000.00
维生素 D_3（IU/kg）	800.00
维生素 E（IU/kg）	80.00
维生素 K（mg/kg）	0.50

（续表）

指标	体重
	130~300 kg
维生素 B_1（mg/kg）	0.90
维生素 B_2（mg/kg）	3.80
维生素 B_3（mg/kg）	10.00
维生素 B_5（mg/kg）	12.00
维生素 B_6（mg/kg）	1.20
维生素 B_7（mg/kg）	0.20
维生素 B_9（mg/kg）	1.30
维生素 B_{12}（μg/kg）	16.00
胆碱（g/kg）	1.30
亚油酸（%）	0.10

二、种公猪的饲喂方案

（1）在满足种公猪营养需要的前提下，要对其采取限制饲喂，保持种公猪不肥不瘦、性欲旺盛。定时定量饲喂，防止过食，每头每天喂 2.3~3.4 kg，根据个体体况予以增减（表 2-3）。

表 2-3　不同体重种公猪饲喂基础标准

指标	体重					
	120 kg	160 kg	200 kg	240 kg	280 kg	320 kg
饲喂量（kg）	2.3	2.5	2.7	2.9	3.2	3.4

①如果公猪体况适合，大约达到 3 分体况，就按饲喂基础标准饲喂。

②如果公猪体况只达到 2 分，对体重低于 200 kg 的公猪应增加 0.25 kg 的饲喂量，大于 200 kg 的公猪至少应增加 0.5 kg 的饲喂量。

③如果公猪体况只达到 1 分，体重低于 200 kg 的公猪应增加 0.5 kg 的饲喂量，大于 200 kg 的公猪至少应增加 0.75 kg 的饲喂量。

④如果公猪太肥，体况达到 4 分以上，体重低于 200 kg 的公猪应减少 0.25 kg 的饲喂量，体重大于 200 kg 的公猪应减少 0.5 kg 的饲喂量。

（2）后备公猪 50 kg 体重之前，考虑其生长发育，一般为自由采食；50 kg 体重以后，应根据体况评分情况，进行适当限饲。

（3）控制饲粮容积，防止垂腹。

（4）严格控制饲粮霉菌毒素污染情况，要求饲粮中黄曲霉毒素小于 20 g/t、呕吐毒素小于 1 000 g/t、赭曲霉毒素 A 小于 100 g/t、玉米赤霉烯酮小于 500 g/t、T-2 毒素小于 1 000 g/t。

（5）种公猪每天饮水量 15~20 L，需全天 24 h 供水。饮水器使用鸭嘴式自动饮水器，设置高度建议 65~75 cm。定期检测水质，至少每年 1 次，水质要求符合《无公害食品　畜禽饮用水水质》（NY 5027—2008）标准。

第二节　种母猪营养需要和饲喂方案

一、后备母猪营养需要和饲喂方案

（一）后备母猪的营养需要

1. 能量和氨基酸需要

后备母猪适宜的生长速度决定了其能量、氨基酸的需要量。数据显示，后备母猪每天 0.70 kg 的增重较为合理。后备母猪生长速度是育肥母猪的 80%~95%，是阉公猪的 77%~93%。后备母猪能量、氨基酸的摄入量需低于生长育肥猪，应在 77%~95%。因此，后备母猪营养从 50 kg 体重开始实施三阶段营养，整个后备期采食量低于育肥猪，其代谢能、标准回肠可消化赖氨酸日摄入量分别为育肥猪的 82%~88%、84%~90%。后备母猪饲粮能量、钙、磷和氨基酸需要量见表 2-4。

表 2-4　后备母猪饲粮能量、钙、磷和氨基酸需要量

指标	体重		
	50~75 kg	>75~100 kg	>100 kg 至配种
采食量（g/d）	1 950	2 180	2 350
消化能（MJ/kg）	14.30	14.02	13.81
代谢能（MJ/kg）	13.73	13.46	13.27
净能（MJ/kg）	10.42	10.21	10.09
日增重（g）	695	725	700
粗蛋白质（%）	16.0	15.0	13.0
钙（%）	0.75	0.70	0.70
总磷（%）	0.69	0.65	0.65
有效磷（%）	0.40	0.35	0.35
标准回肠可消化			
赖氨酸（%）	0.84	0.74	0.62
蛋氨酸（%）	0.24	0.22	0.19

（续表）

指标	体重		
	50~75 kg	>75~100 kg	>100 kg 至配种
蛋氨酸+胱氨酸（%）	0.50	0.45	0.39
苏氨酸（%）	0.54	0.48	0.42
色氨酸（%）	0.13	0.12	0.10
异亮氨酸（%）	0.46	0.41	0.34
亮氨酸（%）	0.85	0.75	0.63
缬氨酸（%）	0.54	0.48	0.41
精氨酸（%）	0.53	0.47	0.39
组氨酸（%）	0.32	0.28	0.24
苯丙氨酸（%）	0.47	0.42	0.35
苯丙氨酸+酪氨酸（%）	0.78	0.68	0.57

2. 矿物质需要

能使动物满足最快生长速度的钙、磷水平不一定能满足骨骼的最大矿化。要使骨骼强度和骨灰质含量达到最大化，所需的钙、磷至少要比满足最快生长和增重的需要量高0.1%。50 kg至配种的后备母猪饲粮钙、可消化磷水平分别可设置为0.7%、0.35%。腿病或跛行是造成后备母猪福利不佳和过早淘汰的主要原因。微量元素铜、锰、锌与猪骨骼发育有关：铜参与骨形成并促进钙、磷在软骨基质上的沉积；锰参与骨骼基质中硫酸软骨素的生成；锌参与骨骼和角质的生长。后备母猪在铜、锰、锌的需要量上应高于妊娠母猪。较新的研究发现额外添加有机铜10 mg/kg、有机锌50 mg/kg、有机锰20 mg/kg可显著降低后备母猪软骨病的发生率。

3. 维生素需要

后备母猪需提前为妊娠期做好准备，尤其是与繁殖相关的维生素，如维生素A、维生素E、维生素B_9、维生素B_7、维生素D、胆碱等需要量较高。因此，后备母猪50 kg后维生素水平就应与育肥猪不同。后备母猪饲粮矿物质、维生素和脂肪酸需要量见表2-5。

表2-5　后备母猪饲粮矿物质、维生素和脂肪酸需要量

指标	体重		
	50~75 kg	>75~100 kg	>100 kg 至配种
矿物质			
钾（%）	0.19	0.19	0.19
钠（%）	0.20	0.20	0.20
氯（%）	0.16	0.16	0.16

（续表）

指标	体重		
	50~75 kg	>75~100 kg	>100 kg 至配种
镁（%）	0.04	0.04	0.04
铁（mg/kg）	100.00	100.00	100.00
铜（mg/kg）	5.00	5.00	5.00
锰（mg/kg）	20.00	20.00	20.00
锌（mg/kg）	50.00	50.00	50.00
碘（mg/kg）	0.24	0.24	0.24
硒（mg/kg）	0.24	0.24	0.24
维生素和脂肪酸			
维生素 A（IU/kg）	5 000.00	5 000.00	5 000.00
维生素 D_3（IU/kg）	900.00	900.00	900.00
维生素 E（IU/kg）	40.00	40.00	40.00
维生素 K（mg/kg）	2.50	2.50	2.50
维生素 B_1（mg/kg）	1.50	1.50	1.50
维生素 B_2（mg/kg）	6.40	6.40	6.40
维生素 B_3（mg/kg）	22.00	22.00	22.00
维生素 B_5（mg/kg）	20.00	20.00	20.00
维生素 B_6（mg/kg）	2.50	2.50	2.50
维生素 B_7（mg/kg）	0.36	0.36	0.36
维生素 B_9（mg/kg）	2.00	2.00	2.00
维生素 B_{12}（μg/kg）	25.00	25.00	25.00
胆碱（g/kg）	0.50	0.50	0.50
亚油酸（%）	0.20	0.20	0.20

（二）后备母猪的饲喂方案

在后备母猪培育过程中，实施分阶段饲喂方案（表 2-6）。

表 2-6　后备母猪分阶段饲喂方案

阶段	每头每天的饲喂量（kg）	目的
100 kg 之前	自由采食（2.0~2.5）	正常生长
100 kg 之后	适当限饲（1.8~2.2）	控制生长速度

（续表）

阶段	每头每天的饲喂量（kg）	目的
第 1~2 发情期	饲喂量增加 1/3（2.5~2.8）	刺激母猪发情
配种前 15 d	3.0 kg 以上或自由采食	短期优饲，促进排卵
配种后 28 d	限饲（1.8~2.0）	减少胚胎死亡

（1）后备母猪在体重达到 100 kg（不同企业不同品系种猪的设定略有不同）之前，自由采食，保证后备母猪的骨骼、性器官都得到充分的发育。

（2）后备母猪体重达到 100 kg 以后，进行适当限制饲喂，控制母猪的体况，避免过肥，降低繁殖障碍性疾病发生的可能性。注意饲养密度，避免因争食而造成个别后备母猪营养摄入不足、发育不良。

（3）后备母猪第 1~2 发情期，饲喂量增加 1/3，目的是刺激母猪发情。

（4）后备母猪配种前 15 d 左右，选择短期优饲的方式，给予 3.0 kg 以上或自由采食的饲料，可以增加后备母猪排卵量、提高卵子质量、提高后备母猪的配种受胎率和产仔数。

（5）后备母猪配种后 28 d 左右，要降低饲喂量，避免妊娠早期高能量摄入导致胚胎死亡。

（6）严格禁止饲喂发霉、变质的饲粮，饲喂霉菌毒素超标的饲粮将造成霉菌毒素中毒，影响母猪繁殖机能及免疫机能，若日粮含 3~10 mg/kg 浓度玉米赤霉烯酮时，母猪临床表现为黄体滞留、不发情等。夏季高湿季节易于霉菌繁殖，为防止霉菌毒素中毒，可在饲料里添加霉菌毒素吸附剂。

二、妊娠母猪营养需要和饲喂方案

（一）妊娠母猪的营养需要

1. 能量需要

日粮能量是母猪发挥繁殖生理功能的基础，不仅影响母猪单胎繁殖性能，而且对母猪后续胎次的繁殖性能及后代的生长发育产生长久性影响。母猪妊娠期合成代谢效率高，如果供给较高的能量水平时，体内沉积脂肪过多，导致死胎增加、产仔数减少、难产和泌乳量降低等繁殖障碍，应当限制能量摄入量。但如果能量摄入过低会导致母猪体瘦、胎儿发育受阻且初生重小、弱胎和死胎增加等。妊娠前期，用于胚胎发育所需营养较少，主要用于母猪自身维持生命和体况恢复，初产母猪还要用于自身生长发育。妊娠后期，随着胎儿的迅速生长，母猪对营养的需要相应增加。如果妊娠后期能量摄入不足，母猪就会丧失大量脂肪储备，从而影响下一个周期的正常繁殖。

2. 蛋白质和氨基酸需要

妊娠母猪对蛋白质的需要，包括维持需要和妊娠需要两部分。维持需要所需的蛋白质为 50~60 g/d，而妊娠需要则决定于妊娠产物沉积量和妊娠代谢强度。据测定，妊娠产物中平均含蛋白质 3 kg，即平均日沉积蛋白质 26 g。妊娠前期代谢消耗蛋白质很少，后期则显著增多，每天需要量高达 50~65g。根据上述参数，计算出妊娠前期蛋白质消耗量为 86 g、妊娠后期为 151 g。如果饲粮蛋白质的消化率为 80%，则每天需要 143 g 可消化蛋白质，或 179 g 粗蛋白质。妊娠后期蛋白质需求明显提高，最后 30 d 每天需要可消化蛋白质 216 g，或粗蛋白质 270 g。

对于妊娠母猪，不仅要满足粗蛋白质的数量，还要考虑粗蛋白质的质量，也就是保证母猪对各种必需氨基酸的需要。妊娠期间增加赖氨酸的摄入量，可提高仔猪的初生重和断乳窝重。亮氨酸可以改变母猪血浆氨基酸组成、氨基酸转运载体表达和雷帕霉素靶蛋白（mTOR）信号通路来增加蛋白质合成，从而提高胎儿初生重。妊娠母猪摄入足够的赖氨酸和亮氨酸能刺激乳房产生较多的泌乳细胞，摄入不足时会影响乳腺发育。我国针对不同胎次的妊娠母猪，分别规定了妊娠前期和妊娠后期饲粮中 10 种氨基酸的浓度。近年来，随着多种晶体氨基酸添加剂在猪饲料中的使用，加之环境保护的需要，母猪饲料中粗蛋白的需要量有进一步降低的趋势。妊娠母猪饲粮能量、钙、磷和氨基酸需要量见表 2-7。

表 2-7　妊娠母猪饲粮能量、钙、磷和氨基酸需要量

指标	1 胎		2 胎		3 胎		4 胎	
	妊娠 <90 d	妊娠 ≥90 d	妊娠 <90 d	妊娠 ≥90 d	妊娠 <90 d	妊娠 ≥90 d	妊娠 <90 d	妊娠 ≥90 d
配种时体重（kg）	135		160		180		200	
孕期体增重（kg）	63		60		55		45	
窝产仔数（头）	11		12		13		13	
采食量（g/d）	2 135	2 580	2 240	2 670	2 270	2 690	2 260	2 650
消化能（MJ/kg）	13.93	14.37	13.93	14.37	13.93	14.37	13.93	14.37
代谢能（MJ/kg）	13.39	13.81	13.39	13.81	13.39	13.81	13.39	13.81
净能（MJ/kg）	10.18	10.50	10.18	10.50	10.18	10.50	10.18	10.50
日增重（g）	533	607	500	600	457	554	380	435
粗蛋白质（%）	13.1	16.0	11.6	14.0	10.8	12.9	9.6	11.4
钙（%）	0.63	0.78	0.61	0.72	0.53	0.68	0.52	0.68
总磷（%）	0.51	0.59	0.50	0.54	0.44	0.52	0.45	0.52
有效磷（%）	0.28	0.34	0.27	0.31	0.23	0.29	0.22	0.30
标准回肠可消化								
赖氨酸（%）	0.55	0.74	0.45	0.63	0.40	0.55	0.32	0.43
蛋氨酸（%）	0.16	0.21	0.12	0.18	0.11	0.16	0.09	0.12

（续表）

指标	1胎		2胎		3胎		4胎	
	妊娠<90 d	妊娠≥90 d	妊娠<90 d	妊娠≥90 d	妊娠<90 d	妊娠≥90 d	妊娠<90 d	妊娠≥90 d
蛋氨酸+胱氨酸（%）	0.36	0.48	0.30	0.41	0.28	0.37	0.23	0.31
苏氨酸（%）	0.39	0.51	0.34	0.44	0.31	0.40	0.27	0.34
色氨酸（%）	0.10	0.14	0.08	0.12	0.08	0.11	0.07	0.09
异亮氨酸（%）	0.32	0.39	0.26	0.33	0.24	0.28	0.19	0.22
亮氨酸（%）	0.50	0.70	0.41	0.59	0.38	0.53	0.30	0.42
缬氨酸（%）	0.39	0.53	0.33	0.44	0.30	0.40	0.25	0.33
精氨酸（%）	0.30	0.40	0.24	0.33	0.21	0.29	0.17	0.22
组氨酸（%）	0.19	0.24	0.15	0.20	0.14	0.17	0.11	0.13
苯丙氨酸（%）	0.31	0.41	0.26	0.35	0.23	0.31	0.19	0.25
苯丙氨酸+酪氨酸（%）	0.53	0.71	0.44	0.60	0.40	0.53	0.32	0.43

3. 矿物质需要

妊娠母猪对矿物质的需要取决于妊娠期间体组织的沉积量与其利用效率。钙离子参与黄体孕酮的合成，也是卵母细胞成熟所需的物质。妊娠母猪钙的需要随胎儿的生长而增加。从妊娠第11周起，母猪子宫内容物中钙的日沉积量大量增加，可达1.05 g；至妊娠16周时每天沉积约4.29 g。饲粮缺钙，不仅会引起母猪患骨质疏松症，严重缺乏时还可导致胎儿发育阻滞甚至死亡。饲粮缺磷是母猪不孕和流产的原因之一。为维持母猪的正常繁殖机能，还应考虑钙磷比例。钙磷比为（1.5~2）：1时，繁殖效果较好。氯化钠在妊娠母猪饲粮中不可缺少，妊娠母猪饲粮的氯化钠从0.5%降到0.25%时，仔猪初生重和断奶重会下降。碘是甲状腺素的组成成分，甲状腺素能促进蛋白质的生物合成，促进胎儿生长发育。妊娠期内，甲状腺功能活跃，故需碘量增高。饲粮中缺碘可使母猪发生甲状腺肿大，并对繁殖力产生不良影响。其他常量元素和微量元素（铜、铁、锌、硒）的缺少同样会影响妊娠母猪繁殖力，减低仔猪初生重和健康度。

4. 维生素需要

影响母猪繁殖的维生素有维生素A、维生素E、维生素B_7、维生素B_9、维生素C等。维生素A可以增加子宫分泌物中视黄醇结合蛋白浓度，促进营养物质从子宫转运至胚胎，从而有利于胚胎的发育。维生素A还有调控卵巢胆固醇的合成、免疫细胞的功能以及干扰素合成的作用，可间接促进胚胎发育。维生素B_9可增加子宫前列腺素E_2的分泌，降低胚胎细胞中17β-雌二醇的合成量，从而有利于提高胚胎成活率，同时对DNA、RNA和蛋白质的合成具有促进作用。妊娠母猪饲粮矿物质、维生素和脂肪酸需要量见表2-8。

表 2-8　妊娠母猪饲粮矿物质、维生素和脂肪酸需要量

指标	妊娠母猪
矿物质	
钾（%）	0.20
钠（%）	0.23
氯（%）	0.18
镁（%）	0.06
铁（mg/kg）	80.00
铜（mg/kg）	5.00
锰（mg/kg）	23.00
锌（mg/kg）	45.00
碘（mg/kg）	0.37
硒（mg/kg）	0.15
维生素和脂肪酸	
维生素 A（IU/kg）	4 000.00
维生素 D_3（IU/kg）	800.00
维生素 E（IU/kg）	44.00
维生素 K（mg/kg）	0.30
维生素 B_1（mg/kg）	1.35
维生素 B_2（mg/kg）	3.98
维生素 B_3（mg/kg）	11.00
维生素 B_5（mg/kg）	13.00
维生素 B_6（mg/kg）	1.25
维生素 B_7（mg/kg）	0.21
维生素 B_9（mg/kg）	1.37
维生素 B_{12}（μg/kg）	16.00
胆碱（g/kg）	1.23
亚油酸（%）	0.10

5. 纤维需要

母猪在妊娠期通常会采用单体限位栏饲养，活动空间极其有限，使母猪胃肠道活动较少。母猪在妊娠期内采取限饲的措施，饲料中的纤维含量较低，难以对肠道产生足够的刺激，肠道蠕动的速度减慢，进而导致母猪便秘。在母猪的日粮中适量添加日粮纤维，可以有效改善其肠道结构，减少便秘的发生。同时，日粮纤维还能够促进消化道内微生物产生纤维素酶和半纤维素酶等，用来发酵分解日粮纤维。此外，母猪发生的刻板行为、躁动行为和攻击行为可通过增加日粮纤维的摄入而得到缓解。添加日粮纤维可以降低饲料能量密度，从而在不增加能量供给的情况下加大采食量，进而增加饱腹感、减少侵略行为。在母猪的日粮中，纤维的添加比例要适当，不宜过高或过低，其含量一般为4%~8%。

（二）妊娠母猪的饲喂方案

妊娠期的饲喂目标是控制体况、提供足够的营养用于母体的维持和生长，以及促进乳腺组织、子宫、胎盘和胚胎的发育。过胖或者过瘦的母猪体况均会对繁殖性能产生短期或者长期的影响。为了实现妊娠期目标，根据胚胎发育规律、母猪乳腺发育时间，结合母猪体况，制定分阶段差异化饲喂方案。一般将妊娠阶段分为3个阶段，即妊娠0~7 d、妊娠7~90 d、妊娠90 d至分娩，不同的妊娠阶段采用不同的饲喂管理方案（表2-9，图2-1）。

表2-9 不同体况评分的妊娠母猪饲喂方案 单位：kg/（头·d）

妊娠期	1胎			2胎以上		
	2.75分	3分	3.25分以上	2.75分	3分	3.25分以上
配种后0~7 d	1.8	1.8	1.8	2.0	2.0	1.8
妊娠7~30 d	2.4	2.0	1.8	2.6	2.2	1.8
妊娠30~60 d	2.4	2.0	1.8	2.6	2.2	1.8
妊娠60~90 d	2.4	2.0	1.8	2.6	2.2	1.8
妊娠90 d至分娩	3.5	3.0	2.8	3.5	3.0	2.8

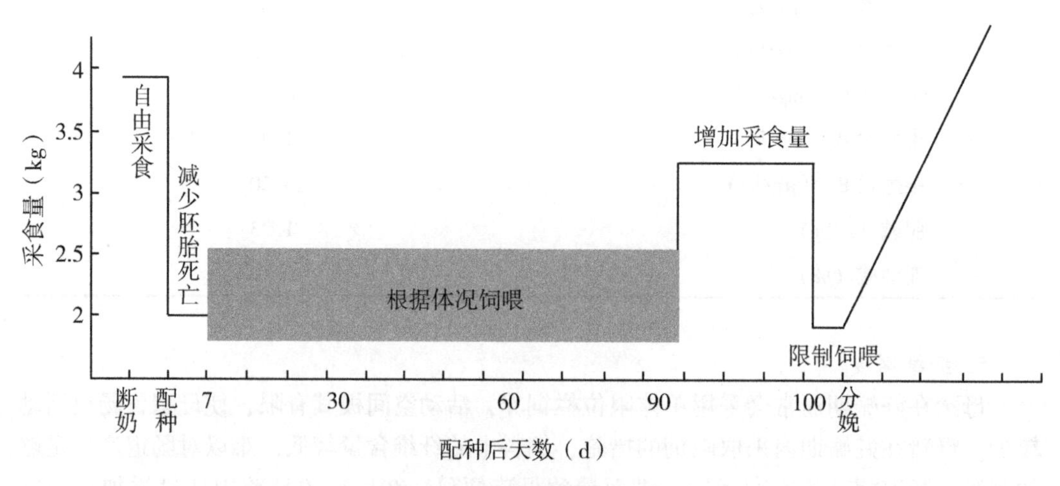

图2-1 妊娠母猪饲喂曲线图

1. 妊娠0~7 d

严格限饲。配种后48~72 h是受精卵向子宫移动阶段，如果饲喂量过高，日进食能量过高会导致胚胎死亡增加，使产仔数下降。建议给予母猪基础维持量。

2. 妊娠 7~90 d

调整体况。建议 7 d、30 d、60 d、90 d 进行体况评分，根据母猪的体况适当增减饲喂量，以达到分娩时的体况。

3. 妊娠 90 d 至分娩

短期优饲，预防便秘。这个阶段胎儿迅速生长、营养需求增加，建议在原有的基础上增加 1 kg。

三、泌乳母猪营养需要和饲喂方案

（一）泌乳母猪营养需要

1. 能量需要

泌乳母猪的能量主要用于母体的维持、泌乳以及生长所需，泌乳占哺乳期母猪能量需要的 65%~80%，泌乳期的母猪需要大量的能量。如果能量摄入不足，母猪会优先分解体储备来维持泌乳，母猪处于能量负平衡状态。因此，泌乳日粮能量浓度很重要，在相同采食量情况下，日粮能量浓度提高通常代表能量摄入量的提高。研究表明，将泌乳日粮的能量浓度从 12. 8 MJ/kg ME 提高到 13. 4 MJ/kg ME，可提高能量摄入量，从而减少体损失，提高仔猪生长速度。然而，能量浓度从 13. 8 MJ/kg ME 进一步提高至 14. 2 MJ/kg ME 时，会对采食量产生负面影响，而不能进一步提高能量摄入量。通常用脂肪（油、脂）或纤维来调整日粮能量浓度，添加 2%~11%的脂肪（油、脂）可以使母猪的能量摄入平均增加4. 6 MJ/d ME。

2. 蛋白质和氨基酸需要

母猪乳蛋白合成的底物主要来源于血液氨基酸，而血液中的氨基酸浓度又与饲粮蛋白质水平直接相关。研究发现当饲粮中标准回肠可消化蛋白质水平为 128 g/kg 时，母猪泌乳量达到最大值；而在饲粮中标准回肠可消化蛋白质水平为 110 g/kg 时，乳脂达到最大值；同时，乳蛋白水平随处理组标准回肠可消化蛋白质水平的增加而线性上升（从 4. 1%到 5. 1%）；但不同处理对母猪乳糖水平没有显著影响。推荐的母猪泌乳期的最优标准回肠可消化蛋白质水平为 110~126 g/kg。赖氨酸作为哺乳母猪的第一限制性氨基酸，在泌乳母猪的饲养过程中起着非常重要的作用。对于高产母猪来说，其产奶量、仔猪的增重都会随着赖氨酸摄入量的增加而增加，体重损失也会减少。但是赖氨酸添加水平也不能过高。研究表明，饲粮中添加缬氨酸具有改善母猪泌乳性能的潜能。虽然乳汁中的缬氨酸仅为赖氨酸的 75%，但是经乳腺吸收的缬氨酸却为赖氨酸的 137%，所以缬氨酸不仅参与了乳汁中乳蛋白合成，并且可以为必需氨基酸提供碳源和氮源。除缬氨酸外，精氨酸也是母猪饲粮中添加较为普遍的氨基酸。大量的研究表明，精氨酸可以增加母猪窝产仔数。泌乳母猪饲粮能量、钙、磷和氨基酸需要量见表 2-10。

表 2-10 泌乳母猪饲粮能量、钙、磷和氨基酸需要量

指标	胎次								
	1			2			3+		
	仔猪平均日增重（g/d）								
	180	220	260	180	220	260	180	220	260
产后体重（kg）		170			190			210	
窝产仔数（头）		10			11			12	
泌乳天数（d）		21			21			21	
采食量（g/d）		4 710			5 660			6 130	
母猪体重变化（kg）	−0.2	−11.3	−22.3	6.6	−4.9	−15.8	6.9	−5.7	−17.5
消化能（MJ/kg）	15.27	15.27	15.27	15.27	15.27	15.27	15.27	15.27	15.27
代谢能（MJ/kg）	14.64	14.64	14.64	14.64	14.64	14.64	14.64	14.64	14.64
净能（MJ/kg）	11.13	11.13	11.13	11.13	11.13	11.13	11.13	11.13	11.13
粗蛋白质（%）	16.5	17.0	18.0	17.0	17.0	18.0	17.0	17.0	18.0
钙（%）	0.65	0.74	0.84	0.62	0.70	0.78	0.63	0.70	0.79
总磷（%）	0.57	0.65	0.73	0.54	0.61	0.68	0.54	0.61	0.68
有效磷（%）	0.33	0.37	0.42	0.31	0.35	0.39	0.31	0.35	0.39
标准回肠可消化									
赖氨酸（%）	0.76	0.82	0.87	0.79	0.80	0.85	0.79	0.80	0.85
蛋氨酸（%）	0.20	0.21	0.23	0.20	0.21	0.22	0.20	0.21	0.22
蛋氨酸+胱氨酸（%）	0.40	0.43	0.46	0.42	0.42	0.45	0.42	0.42	0.45
苏氨酸（%）	0.48	0.51	0.55	0.50	0.50	0.53	0.50	0.50	0.53
色氨酸（%）	0.14	0.15	0.17	0.15	0.15	0.16	0.15	0.15	0.16
异亮氨酸（%）	0.45	0.45	0.52	0.46	0.47	0.50	0.46	0.47	0.50
亮氨酸（%）	0.86	0.92	0.99	0.89	0.90	0.96	0.89	0.90	0.96
缬氨酸（%）	0.64	0.69	0.74	0.67	0.68	0.72	0.67	0.68	0.73
精氨酸（%）	0.42	0.45	0.48	0.43	0.44	0.47	0.43	0.44	0.47
组氨酸（%）	0.30	0.33	0.35	0.31	0.32	0.34	0.32	0.32	0.34
苯丙氨酸（%）	0.41	0.44	0.47	0.42	0.43	0.46	0.43	0.43	0.46
苯丙氨酸+酪氨酸（%）	0.85	0.91	0.98	0.88	0.89	0.95	0.88	0.89	0.96

3. 矿物质需要

钙、磷是骨骼和牙齿的重要组成成分，日粮中钙、磷的含量过高、过低或比例不当

都会导致泌乳母猪发生瘫痪，所以在生产中要注意饲粮中钙、磷的添加。母猪在泌乳期会流失大量的铁而表现出临界缺铁性贫血的状态，影响母猪的健康以及饲料利用率。如果饲粮中的锰含量过低，母猪长期食用后骨骼会出现异常，还会出现发情不规律、不发情或泌乳量减少等现象。一般泌乳母猪饲粮中锰的最适添加量应为 5～10 mg/kg。锌可以促进骨骼、蹄以及毛发的发育，缺锌会出现蹄病，并且会对母猪的泌乳性能造成影响，锌的添加可以提高母猪的繁殖性能，减少乳房炎的发生概率。

4. 维生素需要

饲粮中维生素的添加可以有效缓解母猪在饲养管理过程中出现的不良反应，如夏季炎热天气下母猪易产生热应激，在母猪的饲粮或饮水中添加一定量的维生素 C 可以有效缓解热应激反应；维生素 E 具有抗氧化作用，添加后可以增强机体的免疫力和抗氧化能力、减少乳房炎和子宫炎的发生；另外，一些必需维生素，如 B 族维生素等也要注意适量添加。泌乳母猪饲粮矿物质、维生素和脂肪酸需要量见表 2-11。

表 2-11　泌乳母猪饲粮矿物质、维生素和脂肪酸需要量

指标	泌乳母猪
矿物质	
钾（%）	0.20
钠（%）	0.30
氯（%）	0.24
镁（%）	0.06
铁（mg/kg）	80.00
铜（mg/kg）	5.00
锰（mg/kg）	23.00
锌（mg/kg）	50.00
碘（mg/kg）	0.37
硒（mg/kg）	0.15
维生素和脂肪酸	
维生素 A（IU/kg）	2 150.00
维生素 D_3（IU/kg）	800.00
维生素 E（IU/kg）	44.00
维生素 K（mg/kg）	0.30
维生素 B_1（mg/kg）	1.35
维生素 B_2（mg/kg）	3.98
维生素 B_3（mg/kg）	11.00

（续表）

指标	泌乳母猪
维生素 B_5（mg/kg）	13.00
维生素 B_6（mg/kg）	1.25
维生素 B_7（mg/kg）	0.21
维生素 B_9（mg/kg）	1.37
维生素 B_{12}（μg/kg）	16.00
胆碱（g/kg）	1.10
亚油酸（%）	0.10

（二）泌乳母猪饲喂

在饲粮营养水平充足的前提下，提高泌乳母猪的采食量才能保证养殖的需求。在多年的研究中发现，提高泌乳母猪的采食量，应从以下方面入手。

（1）妊娠期母猪过肥，其哺乳期的采食量降低。在妊娠期饲粮中添加粗纤维，可以在保证低营养水平摄入的情况下提高采食量，保证妊娠母猪胚胎着床率的同时扩张消化道，增加泌乳母猪采食量。

（2）诱食剂、脂肪酶以及益生菌等饲料添加剂可以定向增加泌乳母猪的采食量，安全、快速、种类多且高效，是提高泌乳母猪采食量的有效手段。

（3）泌乳母猪在饲养过程中，应该根据母猪的实际情况进行饲喂量的合理调整，经产母猪饲喂量为 2.0 + 0.5 × 带仔数，每天 7~8 kg；初产母猪饲喂量为 1.5 + 0.45 × 带仔数，每天 6~7 kg，并遵循少喂、勤添的原则，每次喂料保证母猪 25~35 min 内吃完，每天饲喂 3~8 次。

（4）泌乳母猪由于泌乳的要求，需要大量的水分，每天饮水量为 18~30 L。适宜饮水器高度为 65~75 cm，与不锈钢鸭嘴式饮水器相比，用饮水碗饮水可显著提高泌乳母猪的采食量。定期检查饮水管线及水压，保持母猪饮水器适宜的水流量。寒冷季节饮水的适宜温度为 25~28 ℃。

第三节　仔猪和生长育肥猪营养需要和饲喂方案

一、仔猪和生长育肥猪营养需要

仔猪和生长育肥猪饲粮能量、钙、磷和氨基酸需要量见表 2-12，矿物质、维生素和脂肪酸需要量见表 2-13。

表 2-12　仔猪和生长育肥猪饲粮能量、钙、磷和氨基酸需要量

项目	体重					
	3~8 kg	>8~25 kg	>25~50 kg	>50~75 kg	>75~100 kg	>100~120 kg
体蛋白沉积（PD）	—	—	116.00	132.00	129.00	120.00
消化能（MJ/kg）	14.95	14.43	14.20	14.12	14.02	13.81
代谢能（MJ/kg）	14.35	13.85	13.65	13.55	13.46	13.27
净能（MJ/kg）	10.91	10.53	10.37	10.30	10.21	10.09
粗蛋白质（%）	21.0	18.5	15.0	15.0	13.5	11.3
赖氨酸代谢能比（g/MJ）	1.10	0.99	0.75	0.68	0.59	0.52
钙（%）	0.90	0.74	0.63	0.59	0.56	0.54
总磷（%）	0.75	0.74	0.63	0.59	0.56	0.54
有效磷（%）	0.57	0.37	0.27	0.22	0.19	0.17
标准回肠可消化						
赖氨酸（%）	1.42	1.22	0.97	0.81	0.70	0.60
蛋氨酸（%）	0.41	0.35	0.29	0.23	0.20	0.17
蛋氨酸+胱氨酸（%）	0.78	0.67	0.55	0.47	0.40	0.35
苏氨酸（%）	0.84	0.72	0.60	0.51	0.45	0.38
色氨酸（%）	0.24	0.21	0.17	0.14	0.12	0.10
异亮氨酸（%）	0.72	0.63	0.50	0.433	0.37	0.32
亮氨酸（%）	1.42	1.22	0.98	0.82	0.71	0.61
缬氨酸（%）	0.89	0.77	0.65	0.54	0.49	0.42
精氨酸（%）	0.64	0.55	0.45	0.37	0.32	0.28
组氨酸（%）	0.48	0.41	0.33	0.28	0.24	0.20
苯丙氨酸（%）	0.84	0.72	0.57	0.49	0.42	0.37
苯丙氨酸+酪氨酸（%）	1.32	1.13	0.90	0.73	0.67	0.58

表 2-13　仔猪和生长育肥猪饲粮矿物质、维生素和脂肪酸需要量

项目	体重					
	3~8 kg	>8~25 kg	>25~50 kg	>50~75 kg	>75~100 kg	>100~120 kg
矿物质						
钾（%）	0.30	0.26	0.24	0.21	0.18	0.17
钠（%）	0.25	0.15	0.12	0.10	0.10	0.10

（续表）

项目	体重					
	3～8 kg	>8～25 kg	>25～50 kg	>50～75 kg	>75～100 kg	>100～120 kg
氯（%）	0.25	0.15	0.12	0.10	0.10	0.10
镁（%）	0.04	0.04	0.04	0.04	0.04	0.04
铁（mg/kg）	100.00	90.00	70.00	60.00	50.00	40.00
铜（mg/kg）	6.00	6.00	4.50	4.00	3.50	3.00
锰（mg/kg）	4.00	4.00	3.00	2.00	2.00	2.00
锌（mg/kg）	100.00	90.00	70.00	60.00	50.00	50.00
碘（mg/kg）	0.14	0.14	0.14	0.14	0.14	0.14
硒（mg/kg）	0.30	0.30	0.30	0.25	0.25	0.20
维生素和脂肪酸						
维生素 A（IU/kg）	2 550.00	2 050.00	1 550.00	1 450.00	1 350.00	1 350.00
维生素 D_3（IU/kg）	250.00	220.00	190.00	170.00	160.00	160.00
维生素 E（IU/kg）	22.00	20.00	18.00	16.00	14.00	14.00
维生素 K（mg/kg）	0.60	0.60	0.50	0.50	0.50	0.50
维生素 B_1（mg/kg）	2.00	1.80	1.60	1.50	1.50	1.50
维生素 B_2（mg/kg）	5.00	4.00	3.00	2.50	2.00	2.00
维生素 B_3（mg/kg）	25.00	20.00	15.00	12.00	10.00	10.00
维生素 B_5（mg/kg）	16.00	13.00	10.00	9.00	8.00	8.00
维生素 B_6（mg/kg）	2.50	2.00	1.50	1.20	1.00	1.00
维生素 B_7（mg/kg）	0.10	0.09	0.08	0.08	0.07	0.07
维生素 B_9（mg/kg）	0.50	0.45	0.40	0.35	0.30	0.30
维生素 B_{12}（μg/kg）	25.00	20.00	15.00	10.00	6.00	6.00
胆碱（g/kg）	0.60	0.55	0.50	0.45	0.40	0.40
亚油酸（%）	0.15	0.12	0.10	0.10	0.10	0.10

（一）断奶仔猪营养需要

1. 能量和脂类需要

断奶仔猪常需要优质高能饲粮，尤其在断奶初期需满足低采食量和对充足能量摄入的需求（饲粮消化能水平不低于 17 MJ/kg，每兆焦消化能中可利用赖氨酸水平 0.90～1.00 g）；度过断奶初期阶段后，为促进仔猪采食行为，可依靠按阶段平稳降低饲粮能量水平来实现。饲粮添加油脂的主要目的是提高饲粮能量水平，常用来添加的植物油有大豆油（因其短链不饱和脂肪酸含量高且利用率高）；同时，油脂也是脂溶性维生素的转运载体，但油脂在仔猪饲粮中添加量不宜过高，以免影响饲粮的消化吸收过程。

2. 蛋白质和氨基酸需要

断奶仔猪饲粮粗蛋白原料常需较高品质的乳制品和动物蛋白质，以提高饲料的消化利用率。饲粮中的必需氨基酸配比必须平衡、含量也必须充足，避免限制性氨基酸摄入不足。断奶初期为防止腹泻，常给仔猪提供低蛋白氨基酸平衡饲粮（在降低饲粮粗蛋白水平的同时保持赖氨酸、色氨酸和苏氨酸等必需氨基酸的含量充足、比例适当），减少肠道有害菌数量和腐败物的产生。

3. 矿物质及维生素需要

断奶仔猪饲粮中需要足量的矿物质元素（包括锰、锌、铁、铜、钴、碘和硒等），矿物质元素是仔猪机体参与多项生理生化活动的结构物质的活性中心；在玉米-豆粕型饲粮配方中，钙磷比例应保持在（1~1.5）：1，以保证骨骼的正常发育和细胞膜钙离子通道的正常物质交换和信息传递功能；铁是参与构成机体代谢活动物质（如血红蛋白、肌红蛋白和转铁蛋白等）的活性中心；铜在仔猪饲粮中具有促生长和抗菌作用；锌在仔猪体内是组成多种金属酶的活性中心，对消化道功能有积极的作用并能减少仔猪腹泻，但饲粮中锌水平不宜超过 250 mg/kg，以免影响仔猪的免疫功能。在猪的矿物质营养中常需要的钠、钾、氯和镁元素是维持猪机体内环境渗透压平衡和酸碱（阴阳离子）平衡过程的主要电解质，其主要分布在细胞内液、细胞外液和骨组织中。早期断奶仔猪饲粮中需要适量的各种脂溶性、水溶性维生素；维生素主要功能是维持仔猪机体正常的代谢活动，增强免疫系统的抗病力。

（二）生长育肥猪营养需要

一般情况下，猪日采食能量越多，日增重越快，饲料利用率越高，沉积脂肪也越多。但此时瘦肉率降低，胴体品质变差。蛋白质的需要更为复杂，为了获得最佳的育肥效果，不仅要满足蛋白质的数量需求，还要考虑必需氨基酸之间的平衡和利用率。能量高使胴体品质降低，而适宜的蛋白质能够改善猪胴体品质，这就要求饲粮具有适宜的能量蛋白比。生长期为满足肌肉和骨骼的快速增长，要求能量、蛋白质、钙和磷的水平较高。育肥期要控制能量，减少脂肪沉积。随饲料粗纤维水平的提高，能量摄入量减少，增重速度和饲料利用率降低。生长育肥猪饲粮粗纤维不宜过高，肥育期应低于 8%。矿物质和维生素是猪正常生长和发育不可缺少的营养物质，长期过量或不足，将导致代谢紊乱，轻者增重减慢，严重的发生缺乏症或死亡。

二、仔猪和生长育肥猪饲喂方案

（一）哺乳仔猪饲喂方案

1. 补饲教槽料

（1）一般在仔猪 10 日龄开始饲喂。

（2）采用自由采食，选用适口性好的教槽料。

（3）料槽选用圆形没有棱角的，大小要足够 4~5 头仔猪同时进食。

（4）利用仔猪抢食的习性和爱吃新料的特点，每次投料要少，每天可多次投料。

（5）开食第1周仔猪采食很少，需及时对料槽进行清理，取出变质、结块的饲料。

2. 及时补水

（1）仔猪生后3~5 d训练饮水，可在产床仔猪活动区内安装自动饮水碗，高度比仔猪肩高5~10 cm，方便仔猪找到水源，确保仔猪的饮水量。

（2）注意供给仔猪温度适宜的饮水。研究发现，哺乳仔猪饮用37 ℃恒温水比饮用常温自来水日增重多39.4 g，头均采食量增加0.34 kg，腹泻率降低20%。

（二）断奶仔猪饲喂方案

（1）断奶仔猪转运到保育舍后应避免换料产生的应激，需进行3~5 d的饲料过渡，把原饲料和新饲料以相应比例混合后饲喂。

（2）自由采食，需确保每头猪间隔2.5 cm的采食空间，料槽内随时有料，断奶后1周饲料盘饲料覆盖率50%，之后为20%~40%。

（3）进猪后需辅助仔猪习惯饲料位置并调整采食行为，可在料槽旁边设置饲喂垫，在饲喂垫上洒上少量饲料来刺激仔猪采食。

（4）保育舍中饮水器的高度控制在15~30 cm，以方便仔猪饮水，可通过安装一高一低的饮水器满足栏舍中不同生长阶段猪只的饮水需求。饮水器的数量控制在10头猪1个，出水量控制在每分钟500 mL为宜，水压小于137.9 kPa。注意饮水质量和温度，水质差和水温过低容易引起腹泻。

（三）生长育肥猪饲喂方案

（1）采用阶段饲养模式，根据每个阶段猪只营养需要，给猪群饲喂一种由特定营养成分组成的适合该生长阶段的饲粮。

（2）自由采食，料槽内随时有料，饲料盘饲料覆盖率20%~40%。

（3）控制饲料质量，防止霉菌毒素污染。

（4）合理设置饮水器数量，每个饮水器对应10头猪，高度根据生长育肥猪日龄的增长调整，水流速1 000 mL/min，水压103.4~275.8 kPa。

第三章　猪舍环境控制

第一节　标准化规模猪舍环境参数

在现代标准化养殖模式下，猪舍内的饲养环境至关重要，疾病的发生往往和恶劣的环境有着直接的关系。环境温度会直接影响猪只的采食量、繁殖性能、生产速度等；过高的湿度会导致细菌滋生、引发疾病，过低的湿度会引起猪只脱水。除温湿度之外，有害气体往往会损伤猪只的免疫系统、黏膜系统及呼吸系统，使其感染慢性疾病。因此，做好猪舍内的防寒、防暑工作，保证猪舍内良好的通风以及适宜的环境温湿度，尽可能减少猪群的应激反应，对于保障猪的健康生长和高效生产具有重要意义。

一、温热环境

（一）猪舍温度

温度是影响猪只健康和生产力的重要因素。猪是恒温动物，在一定的温度范围内表现最佳生产性能。不同阶段猪舍的适宜温度见表 3–1。

表 3–1　不同阶段猪舍的适宜温度　　单位：℃

猪群类别	舒适范围	低临界	高临界
种公猪	15~20	13	25
妊娠母猪	15~20	13	27
哺乳母猪	18~22	16	27
哺乳仔猪（1 周龄）	28~32	27	35
哺乳仔猪（2~3 周龄）	28~32	24~26	35
保育猪	20~25	16	28
生长育肥猪	15~23	13	27

当环境温度改变时，为了维持体温平衡，机体都会启用体温调节机制，会改变呼吸频率、活动量、采食量等来加以调节，进而影响日增重和料重比等生产性能。在环境温度高时，猪呼吸加快，皮肤血液循环加快，气体代谢和物质代谢也加强，产热随之进一

步增多，只能通过增加皮肤和呼吸道的蒸发散热量来维持体温恒定，而猪只通过热调节能够维持热平衡的环境温度范围较窄，因此，猪自身产热的减少主要是通过降低采食量来调节。研究发现，当环境温度升高时，平均每升高 1 ℃采食量减少 73 g/d 或代谢能采食量减少 985 MJ/d。在低温条件下，猪依靠自身的调节作用、从饲料中得到的能量和减少散热量来维持体温恒定。消耗热量增加，既增加了饲料的消耗量，又影响猪的营养状况，使日增重下降，严重时可导致疾病或死亡。研究发现，当猪舍温度低于下限临界温度时，平均每降低 1 ℃猪平均采食量增加 25 g/d 或代谢能摄入量增加 328 kJ/d。

（二）猪舍湿度

猪舍湿度通常与气温、气流等环境因素一起影响机体热调节，进而影响猪的健康和生产力。不同阶段猪的适宜湿度见表 3-2。

表 3-2　不同阶段猪的适宜湿度　　单位:%

猪群类别	舒适范围	低临界	高临界
种公猪	60~70	50	85
妊娠母猪	60~70	50	85
哺乳母猪	60~70	50	80
哺乳仔猪	60~70	50	80
保育猪	60~70	50	80
生长育肥猪	65~75	50	85

较低的湿度环境会导致猪散失大量体内水分，对水的需求量增加，进食量减少，进而降低猪的抵抗力。在低温低湿环境，猪的皮肤和呼吸道黏膜表面蒸发量加大，使皮肤黏膜干裂，引起皮肤和各种呼吸道疾病；低温高湿环境则会加剧猪的冷应激。在高温环境，环境湿度增大 10%，相当于环境温度升高 1 ℃对猪的影响，湿度过高使猪体热量难以散发，加剧热应激反应，造成中暑甚至死亡。高湿还会促使病原体细菌繁殖和传播，加剧热应激下猪只抵抗力降低。当舍内温度处于舒适区时，空气湿度对猪的热调节影响较小。当猪舍温度在猪的舒适区范围内，舍内湿度在 60%~75%比较适宜。

二、空气质量

猪舍中的污染气体主要包括氨气、硫化氢、二氧化碳、甲烷和一氧化二氮。研究表明，猪舍内有害气体过量会诱发呼吸道疾病，导致猪呼吸困难、喘气咳嗽、食欲不振、免疫力降低等，从而降低猪的生长性能。猪舍有害气体和颗粒物控制标准见表 3-3。

表 3-3　猪舍有害气体和颗粒物控制标准　　单位：mg/m^3

猪舍类别	氨气	硫化氢	二氧化碳	颗粒物
种公猪舍	25	10	1 500	1.5
妊娠母猪舍	25	10	1 500	1.5
哺乳母猪舍	20	8	1 300	1.2
保育猪舍	20	8	1 300	1.2
生长育肥猪舍	25	10	1 500	1.5

（一）氨气

氨气主要来源于猪舍内漏缝地板、水泥地面和粪沟内排泄物的发酵分解，分布于地面、猪只周围和屋顶。氨气对人、畜的呼吸道黏膜和眼结膜有严重的刺激和破坏作用，引起结膜炎、支气管炎、肺炎、肺水肿。研究发现当猪舍中氨气含量为 50 μL/L 时，仔猪的生长速率降低 12%，并未对其呼吸系统造成损伤；含量为 50~75 μL/L 时，仔猪肺中清除细菌的能力减弱；含量为 100~150 μL/L 时，生长速率降低 30%，并且猪气管上皮细胞和鼻甲均有病变情况。在通风良好的猪舍中，氨气浓度在 5~20 μL/L 范围内；当通风较差时，其浓度可高达 50 μL/L。

（二）硫化氢

猪舍内硫化氢主要产生于粪便厌氧发酵，并且在搅动粪污时，其释放量会更大。硫化氢易溶附于呼吸道黏膜和眼结膜，并与钠离子结合成硫化钠，对黏膜产生强烈刺激，引起眼部和呼吸道炎症。处于高浓度硫化氢中，猪只畏光、流眼泪，结膜炎、角膜溃疡、咽部灼伤、咳嗽、支气管炎、气管炎等发病率很高。

（三）二氧化碳

猪舍内二氧化碳主要来源于猪的呼吸、粪污排放以及取暖设备。二氧化碳本身并无毒害作用，其主要危害是当二氧化碳达到一定浓度时，会造成猪缺氧，诱发慢性中毒。研究发现，当进入二氧化碳浓度 10%的环境中，仔猪未出现失衡和规避反应；进入浓度为 20%的环境中，出现呼吸速率增加、行为异常等反应；进入浓度 30%的环境中 6 min 后机体失去平衡，在浓度为 20%和 30%的环境中仔猪肌肉神经高度兴奋。一般情况下，舍内的二氧化碳较高，说明畜舍通风不良，氧气含量降低，其他有害气体含量增高，因此，二氧化碳常作为评价猪舍中通风量的标志性气体。猪舍通风量和风速控制标准见表 3-4。

表 3-4　猪舍通风量和风速控制标准

猪舍类别	通风量［m^3/（kg·h）］			风速（m/s）	
	冬季	春、秋季	夏季	冬季	夏季
种公猪舍	0.35	0.55	0.70	0.30	1.00

（续表）

猪舍类别	通风量［m^3/（kg·h）］			风速（m/s）	
	冬季	春、秋季	夏季	冬季	夏季
妊娠母猪舍	0.30	0.45	0.60	0.30	1.00
哺乳母猪舍	0.30	0.45	0.60	0.15	0.40
保育猪舍	0.30	0.45	0.60	0.20	0.60
生长育肥猪舍	0.35	0.50	0.65	0.30	1.00

三、饲养密度

饲养密度的大小会直接影响猪舍环境，对猪舍温湿度、有害气体、噪声甚至有害微生物的数量都有直接的影响，从而影响猪的健康，导致生产性能的降低。当饲养密度过小，猪竞争性采食减少，导致料重比增加、增重减缓、猪舍利用率较低、生产成本增加，影响猪场经济效益。当饲养密度过大时，由于采食空间和活动空间的限制，猪的异常行为（咬尾、咬栅栏、空嚼等）和斗争行为增多，饲料利用率降低，增重速率降低。研究表明，在全漏缝地板猪舍，每头猪的饲养空间从 1.0 m^2/100 kg 降低到 0.5 m^2/100 kg，猪的生长速度大约降低 10%，并呈一定线性关系。对于 10 kg 仔猪来说，饲养空间从每头 0.22 m^2 降低到 0.14 m^2，减少 10% 的采食量（440~481 g/d）。

在计算饲养密度时，应考虑猪只躺卧空间和采食空间。在采用漏缝地板时，猪只最小躺卧面积按 0.032 $W^{0.66}$（W 为体重，单位为 kg）标准计算。最适宜的采食空间宽度（单位为 m）要求是猪的体宽（0.06 $W^{0.33}$）的 2 倍。一般建议：仔猪为 150 mm、75 kg 的生长猪为 250 mm、育肥猪为 300 mm，而母猪则需要 500 mm。不同猪群适宜的饲养密度见表 3-5。

表 3-5　不同猪群适宜的饲养密度

猪群类别	饲养密度（m^2/头）	猪群类别	饲养密度（m^2/头）
种公猪	8.0~12.0	后备母猪	1.5~2.0
空怀妊娠母猪		保育仔猪	0.3~0.4
限位栏	1.3~1.5	生长猪	0.6~0.9
群养	1.8~2.5	育肥猪	0.8~1.2
哺乳母猪	3.8~4.2		

第二节　标准化规模猪舍环境管理

一、智能环境控制系统

近年来，以数字化技术为核心的智能化养殖技术不断深入到生猪养殖的各个环节，随着移动互联网技术以及物联网技术的发展，越来越多的环境监测设备使用互联网及物联网技术接入到云平台中，云平台汇聚了模型、算力、数据等重要资源，为养殖智能环境控制系统提供保障。同时养殖场内部的边缘服务器为养殖场提供内部算力支撑。

智能环境控制系统包含：环境数据采集传感器、智能控制终端、边缘服务器、云管理节点等（图 3-1）。

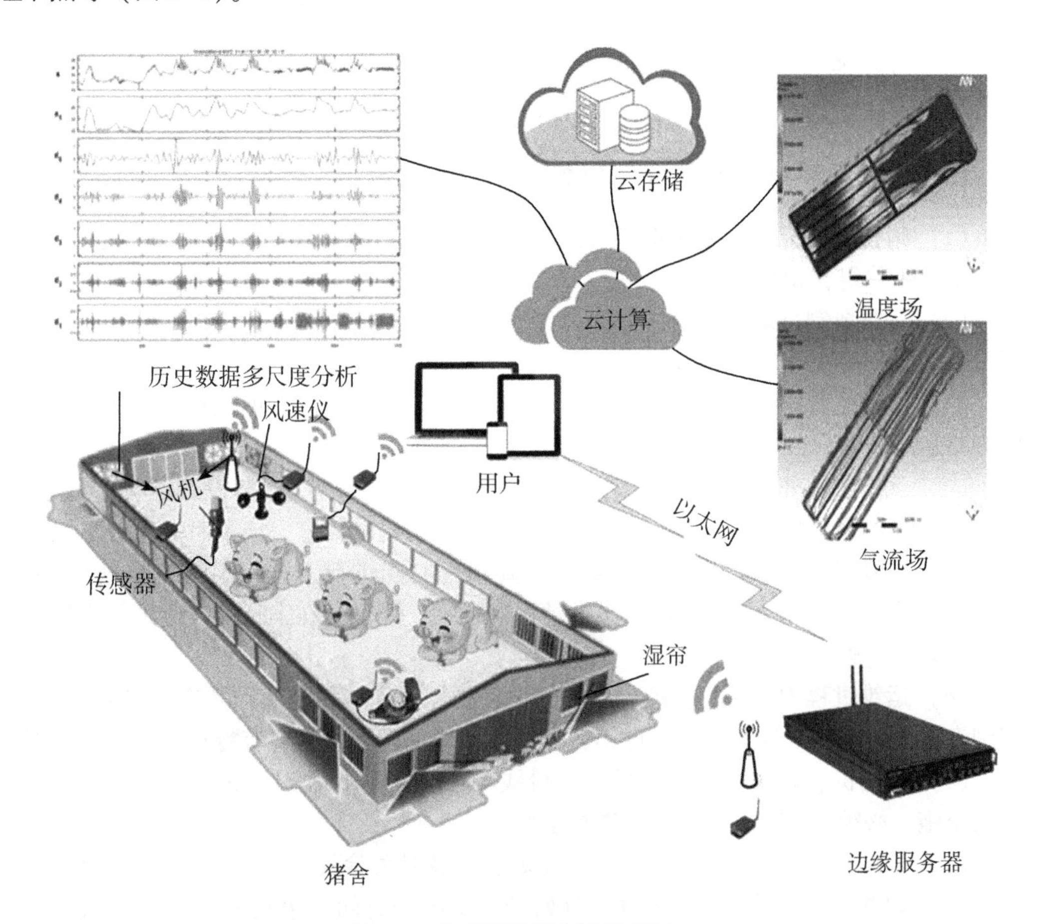

图 3-1　智能环境控制系统设计

将环境数据采集传感器采集到的数据通过互联网/移动互联网/窄带物联网（NB-IoT）等通道传输给养殖场本地边缘计算服务器，本地边缘计算服务器进行预警分析，及时向养殖场内部发出预警信息。同时边缘服务器将基础环境控制数据以及预警数据传送至云平台，云平台在收到传感器数据后，将采集到的数据解析并存储到云存储中，将预警数据转发给所有干系人，为环境设备的综合调节、用户查验及后续提醒预警模块提供数据支撑。

养殖场用户手持终端、负责人手机均能在环境预警发生的同时第一时间从多个渠道收到预警信息，系统必须确保预警信息能第一时间实现环境设备自动控制，边缘服务器在收到来自传感器上报的数据后，会马上调集算力进行计算，当计算的结果超过了环境控制设备的控制触发阈值后，会下发指令给环境控制设备中控，环境控制设备中控会执行指令开启环境控制设备，如风扇、水帘、空调等设备，这些设备去调节栋舍内环境；当传感器上报数据恢复到正常水平时，同样边缘服务器会下发指令给环境控制设备中控，停止环境控制设备运转，从而做到自动调节。智能环控系统保证猪舍中的环境指标一直处于舒适范围区间，提高养殖效率，并且整个过程都会被记录在云平台的操作日志当中。

二、猪舍环境控制设备运维操作

（一）猪舍环境控制设备运维操作

（1）猪舍环境控制设备需要专人负责，每天要通过手持终端进行记录，运维一般2人为1个工作组，相互配合。

（2）运维要制订运维计划，分为每天运维和定期运维2种，严格按照运维计划进行设备运维。

（3）运维过程中要严格执行运维手册中的步骤，不得擅自更改运维操作步骤，不可省略运维步骤。

（4）运维先从外围设备开始，如发现有一般告警，要及时了解设备运转告警原因，能够消除的告警及时消除；不能够消除的告警记录、告警信息，应及时向上级汇报。

（5）运维过程中发现设备工作异常，要第一时间进行上报，不得擅自处理异常，上报后听从领导指挥，沉着冷静。异常情况消除后，要记录在案，并在运维结束后向其他运维人员讲解。

（6）运维过程中要将所有进行运维的设备拍照，保持设备工作状态，做到不遗漏。仔细查看设备，如有异响、指示灯不亮等不太明显的问题，也要有警觉性，记录在案。

（7）发电机、风机、水帘、料塔、料线、环境控制、保暖、供水、配电等设施为重要设施，必须按照相关运维等级进行运维。

（8）运维查看一些配电箱、读数设备时，要及时清除灰尘，保证读数面板的清洁。

（9）如遇特殊情况，不得擅自进行处理，要第一时间上报机电工，由机电工进行处理。

（10）运维工作是设备正常运转的保证，一定要按照计划进行运维，将问题消除在萌芽状态。

（二）猪舍环境提醒预警

（1）线下预警：环境数据采集至边缘服务器后，经过边缘服务器的分析研判，如果需要预警，立即触发线下预警，包括猪舍管控室声光报警、责任人手持终端声光报警。

（2）云平台数据上报：边缘服务器会将生产中产生的数据及预警信息实时转发至云平台。

（3）云平台收到基础数据以及预警数据后，实时将预警信息发布至所有干系人的终端和中心控制大屏。通知渠道包括短信、微信公众号、APP、语音电话等。

（4）推送规则：系统出现一个新的预警，首先会推送给现场人员和第一责任人，由现场人员和第一责任人进行处理，处理完成后，预警消失。如第一责任人没有做任何处理，3 min 后将会再次推送信息给第一责任人；如 5 min 后还未进行处理，会同时发送预警信息到第一和第二责任人；如 8 min 还未进行处理，会根据规则增加第三责任人。

（5）预警处理：当出现预警时，现场人员或第一责任人到现场进行检查，如已确认预警故障，消除故障即可。如故障信息一直存在，但不影响养殖过程，可设置成故障一直存在但不影响系统正常工作。如果确认预警后超 15 min 仍然没有恢复，向上级以及上上级领导部门分管领导推送。

（6）预警信息可通过短信、养殖手持终端 APP、已绑定的微信公众号、中控大屏进行查看，也可以通过接收语音电话查看。

第四章　猪场生物安全管控

生物安全概念最初来源于国外，类似于国内的防疫概念，但具有更深刻、更广泛的内涵。广义理解的生物安全是通过控制传染源、切断传播途径、有效保护易感群体而采取的一系列有效措施。对于猪场而言，生物安全是为防止病原微生物（包括寄生虫）进入场内、阻断病原微生物在场内传播扩散、防止场内病原微生物向场外传播扩散而采取的一系列综合防范措施，涉及可能造成疫病传入和在猪场内传播的所有相关因素，是一项复杂的系统工程，它要求从业人员以严谨的态度落实相关措施、程序和细节，以降低病原传播的风险。近些年，利用物联网、大数据、云计算等信息技术建立的智能管理系统，实现了猪场生物安全智能管控。当前，猪场生物安全智能管控主要涵盖人员、物资、车辆流动控制以及病死猪及废弃物的无害化处理控制 4 个部分。

第一节　人员流动控制

人员在接触了传染源或感染了人畜共患病以后，会通过人员流动发生机械性传播，也可能造成生物性传播，因此，做好人员流动控制是建设生猪生物安全体系的重要手段。

一、人员进场流程

人员进场流程包括：人员进场申请审批、人员生物安全检测、物品寄存、预处理中心洗消、洗消中心通勤转运、二级/三级洗消中心洗消、猪场通勤转运、猪场隔离区隔离、猪场隔离区洗消、猪场生活区隔离、猪场生产区洗消。若人员进入种猪场则执行三级洗消中心洗消，若人员进入育肥场则执行二级洗消中心洗消（图 4-1）。

发起人员进场申请后，流程自动流转各干系人，生物安全智能管控系统依据生物安全检测是否通过、洗消是否到位、隔离时间是否达标等，自动管控各节点人脸识别是否允许通过。

1. 进场前注意事项

进场前 3 d 未到过菜市场、猪肉销售摊位、屠宰场、肉食品加工厂、猪流行病疫区、非本企业生猪养殖场、本企业低生物安全等级养殖场，尽量减少食用猪肉及猪肉制品。

2. 进场申请审批流程

（1）进场人员分为返场员工、新入职员工、企业非本场员工及外来人员 4 类，进

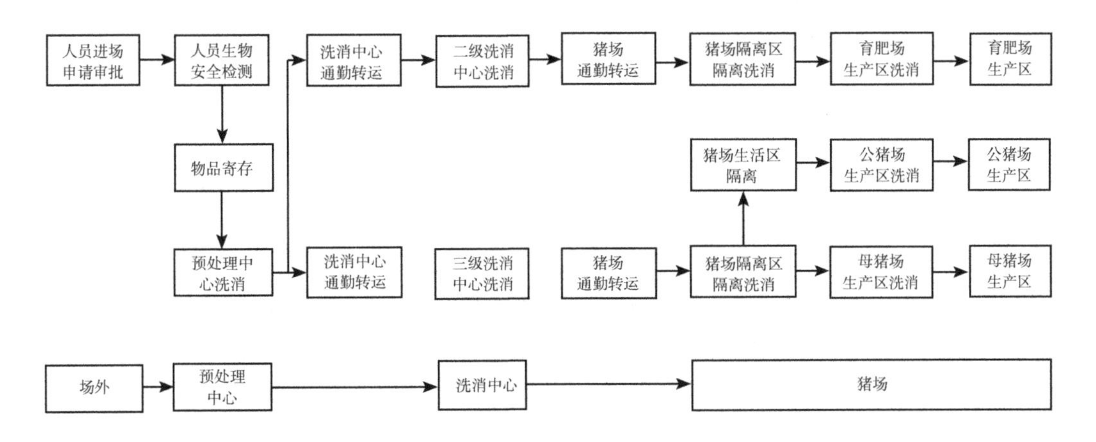

图 4-1　人员进场流程

场人员均需提前 24 h 提交进场申请，上报最近 3 d 行程，经审核通过后方可进场。

（2）返场员工由个人提交申请，猪场负责人审批通过后按后续流程进场。

（3）新入职员工由人力资源部负责采集个人信息（包括人脸识别照片）、分配系统账户、赋予相关角色权限，由本人提交进场申请，猪场负责人审批通过后按后续流程进场。

（4）企业非本场员工由本人提交进场申请，由稽核稽查部、兽医、猪场总监依次审核通过后按后续流程进场。

（5）外来人员由猪场内责任人提交进场申请，采集人脸识别照片，由稽核稽查部、兽医、猪场总监依次审核通过后按后续流程进场。

3. 人员生物安全检测

（1）进场人员按照审批通过的进场时间到达预处理中心，刷脸进入生物安全检测间，自动进行体温测量，体温低于 37.3 ℃允许进入，高于 37.3 ℃ 禁止进入。

（2）由预处理中心生物安全检测人员采集进场人员头发、脸部、耳根、脖颈、手部、手腕、鞋底及手机外壳拭子样本，检测是否携带当前流行及重点防范的生猪传染性疾病病原，如非洲猪瘟病毒病原等。

（3）生物安全检测人员对检测结果进行上报，进场流程自动流转。结果阴性可以进入；结果阳性不能进入，后续进场环节人脸识别准入无法通过。

4. 物品寄存

（1）允许随身携带进场的物品：手机、充电器（新）、U 盘、药品、平板、耳机（新），其他物品需寄存。

（2）电脑入场：需单独由猪场负责人申请，稽核稽查部、兽医、猪场总监依次审核通过，并经过物资进场通道进场。

5. 预处理中心洗消

（1）进入预处理中心洗消，在指定 AI 监控区域进行随身携带物品［手机、充电器（新）、U 盘、药品、平板、耳机（新）］的消毒及个人卫生清理。

（2）随身携带物品消毒：使用酒精全面擦拭消毒后，放入随身携带物品通道经紫外线照射 30 min，新手机壳经 1∶200 过硫酸氢钾复合物消毒液浸泡消毒后方可带入。

（3）个人卫生清理：剪指甲、处理耳洞等，处理完毕后进入指定 AI 监控区域将手背朝上进行清理，结果自动验证通过后，方可进入洗澡间；洗澡并更换预处理中心提供的专用衣物，等待洗消中心通勤车转运。

6. 洗消中心通勤转运

（1）进场人员通过生物安全检测后，进场流程自动流转至对应通勤车司机，司机根据转运流程提供的人员数量及信息，将进场人员转运至对应洗消中心。

（2）进入种猪场人员由三级洗消中心通勤车接送，进入育肥场人员由二级洗消中心通勤车接送。

（3）通勤车不参与物资转运。

（4）二级/三级洗消中心工作人员在对应洗消中心下车，更换工作服参与正常工作。

7. 二级/三级洗消中心洗消

（1）进入种猪场人员在三级洗消中心洗消，进入育肥场人员在二级洗消中心洗消。

（2）洗消中心再次对进场人员指甲等进行 AI 视觉检测，通过后可进入洗澡间，洗澡并更换二级/三级洗消中心提供的专用衣物，等待猪场通勤车转运。

（3）换下的预处理中心衣物经浸泡消毒（1∶200 过硫酸氢钾复合物消毒液）、清洗、烘干后，存放在净区备用。

8. 猪场通勤转运

二级/三级洗消中心洗消完毕后，进场流程自动流转至对应猪场通勤车司机，司机根据转运流程提供的人员数量及信息，将进场人员转运至对应猪场。猪场通勤车不参与物资转运。

9. 猪场隔离区隔离

进场人员刷脸进入对应猪场隔离区的隔离宿舍，隔离 24 h 后方可经洗消、更换衣物进入生活区。根据进场人员工作性质和实际情况，猪场管理人员及兽医有权利要求进场人员延长隔离时间。

10. 猪场隔离区洗消

以进场人员进入猪场隔离区宿舍开始计算其隔离期，隔离期满后，进场人员刷脸进入猪场隔离区洗消间，洗澡并更换猪场提供的专用衣物，换下的洗消中心衣物经浸泡消毒（1∶200 过硫酸氢钾复合物消毒液）、清洗、烘干后，存放在净区备用。

11. 猪场生活区隔离

进入公猪场人员需在生活区隔离 24 h，进入母猪场和育肥场人员无隔离要求。

12. 猪场生产区洗消

刷脸进入猪场生产区，猪场生活区隔离时间不足、未经授权的非养殖生产人员无法进入生产区，同时还要洗澡并更换猪场生产区专用衣物方可进入生产区。

二、人员出场流程

1. 人员离场申请审批

人员离场需提前24 h前提交离场申请，明确离场日期，报猪场负责人审批，猪场负责人审批通过后方可按流程离场。

2. 洗消转运离场

（1）猪场负责人审批通过后，流转猪场通勤车司机。

（2）离场人员刷脸进入猪场隔离区洗消，未审批通过无法刷脸进入。在猪场隔离区洗消完成后更换衣物，猪场通勤车转运至洗消中心净区。

（3）洗消中心转运至预处理中心净区。

（4）在预处理中心完成洗消后，更换个人衣物，领取寄存物品。

第二节 物资流动控制

猪场的运营管理需要大量的精液、药品/疫苗和生活物资，进入猪场内的物资均很难保证100%安全。原则上，猪场所有物品均需消毒后经过专门的流程进出猪场，以确保安全。

一、物料采购管理细则

（1）物料采购计划申报：各生产单位（猪场、洗消中心、预处理中心）每月上报1次所需物料采购计划，采购部门按流程组织采购。

（2）食品原材料每周组织1次采购。

（3）采购食品应不含猪源原材料，密封包装，可以浸泡或烘干消毒。

（4）紧急采购计划需要报生产总监批准。

二、物料消毒基础流程

（1）除无法进行预处理消毒的大型建材和设备外，所有物料一律经预处理消毒后，再配送至各生产作业单元。

（2）大型建材和设备请示外围生物安全主管和生产总监批准后，报备稽核稽查部，设置专用运输通道，运输车辆经过二级/三级洗消中心洗消后，运转至指定地点静置3~5 d。

（3）物料外表面喷洒消毒，优先考虑使用过氧乙酸、过硫酸氢钾。

（4）物料进行浸泡、烘干或臭氧消毒，优先选择浸泡消毒（不少于30 s），其次选择高温消毒（60 ℃下60 min、70 ℃下30 min或80 ℃下5 min），最后选择紫外照射+臭氧熏蒸（20 mg/kg，2 h）消毒。

（5）物料消毒间操作标准如下。

①物料消毒间进、出口放置隔离凳。

②消毒间内工作员打开消毒间进口，在隔离凳上换专用工作鞋，穿专用工作服，戴手套。

③消毒间外工作人员将需要消毒的物料递给消毒间内工作员。

④消毒间内工作员将物料分散摆放在镂空货架上，进行消毒。

⑤消毒结束后，净区工作人员打开消毒间出口，在隔离凳上换专用工作鞋，穿专用工作服，戴手套，将消毒后的物料取出。

（6）电脑等电子设备进行臭氧消毒 2 h 后可在猪场生活区流转，如需要进入猪场生产区，还需于 37 ℃条件下静置 12 h。

（7）新手机壳经过 1∶200 硫酸氢钾复合物消毒液浸泡消毒后可进入生活区，休假时不得带出。

（8）如遇到无法确定消毒方式的物料，需向外围主管报告，联系负责兽医确定消毒方式。

（9）严禁进场物料：含有猪源原材料的食品，其他含有难以鉴定原料成分的产品。

三、物料进场基础流程

物料进场流程包括：供应商填报张贴二维码、供应商供货、物料盘点接收、物料分类洗消、物料装车、洗消中心通勤转运、二级/三级洗消中心洗消、猪场通勤转运、猪场通道洗消、猪场生产区洗消。若物料进入种猪场执行三级洗消中心洗消，若物料进入育肥猪场则执行二级洗消中心洗消（图 4–2）。

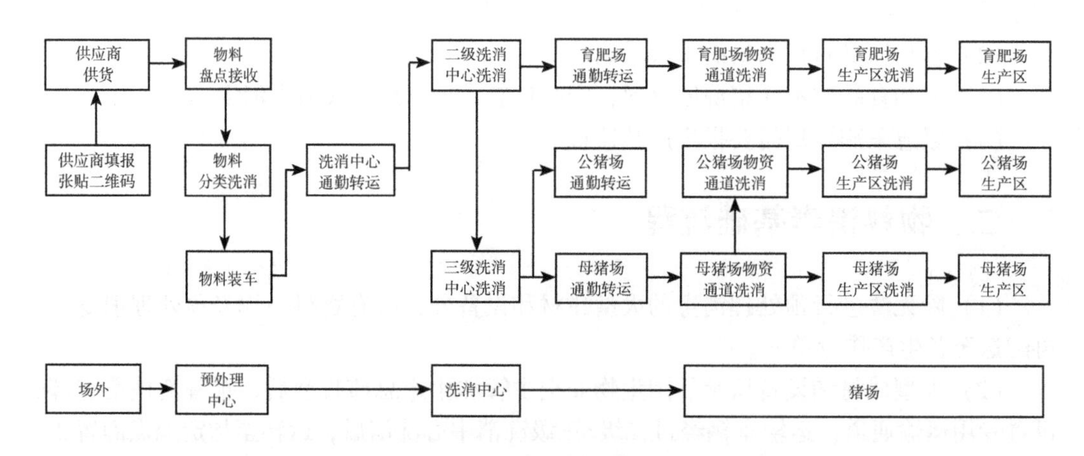

图 4–2　物料进场流程

1. 供应商供货

（1）供应商填报本次供应物料详情及目标猪场。

（2）从智慧养猪管理平台打印本次供应各类物料二维码，并分别张贴。

（3）系统根据目标猪场自动生成物料流转路线，建立本次物料进场业务流程。

（4）供应商将物料运送至目标猪场对应预处理中心。

2. 预处理中心洗消

（1）预处理中心工作人员对各类物料进行称重、盘点、检查，扫描二维码与供应商填报信息进行核对，如存在重量、数量不一致等情况，现场打回供应商重报，物料信息一致后确认接收。

（2）预处理中心工作人员在接收查验物料时，系统自动提示物料应采取的消毒方式，将物料按照消毒方式分类存放。

（3）预处理中心物料消毒方式包括：酒精擦拭消毒、消毒液浸泡、微酸电解水浸泡、紫外照射、臭氧熏蒸以及高温消毒等。对于可浸泡消毒的物资可直接使用消毒液浸泡；不可消毒液浸泡的物资，如不可见水食材，采用紫外照射+臭氧熏蒸的方式进行消毒；对腐蚀性要求较高的小件物品，如常规电子产品、小型机械工具等，可采用高温消毒；可见水食材采用清水浸泡、冲洗、微酸电解水（1 min）浸泡消毒、再次清洗及沥水保鲜流程洗消；对精密电子设备等特殊器材采用酒精擦拭消毒。

（4）将物料置于各类消毒通道中，扫描物资二维码，物料进入消毒状态。消毒结束，系统自动提醒消毒通道另一侧（净区）工作人员，将物料取出按各自的猪场分类存放。

（5）各猪场管理人员可实时查看物料洗消进度，随时调整物料洗消及转运优先级。

（6）洗消中心物料转运司机可实时查看预处理中心可转运物料，及时转运。

3. 洗消中心转运

（1）洗消中心物料转运车从对应洗消中心到达预处理中心净区，由预处理中心工作人员根据各猪场物料转运优先级、物料转运车装载量将物料装载于货车上。

（2）装载过程中，洗消中心物料转运司机穿鞋套、戴手套，扫描二维码清点装车物料，上车时脱鞋套、手套，使用75%酒精对手及手接触过的位置进行消毒；司机活动范围仅限预处理中心净区。

（3）装车完毕后，洗消中心物料转运司机手机应用端点击“发车”按钮，转运物资进入流转环节。

4. 洗消中心洗消

（1）物料转运至二级洗消中心后，洗消中心物料转运司机不下车，质检员对转运车辆进行生物安全检测/抽检，洗消中心工作人员按车辆洗消流程对物料转运车进行清洗，眼观检查合格后进入下一流程。

（2）由二级洗消中心工作人员扫码盘点接收，按系统提示对物料进行分类消毒，流程与预处理中心一致。

（3）消毒结束后，进入种猪场物料流转至三级洗消中心，进入育肥场物料流转至育肥场隔离区。

（4）三级洗消中心操作流程与二级洗消中心一致。

（5）如有生物安全检测结果异常，马上上报，对洗消中心、人员及库房按阳性应急预案做紧急处理。

(6) 流转的物料箱在洗消中心清洗、消毒、沥水后，放车厢内带回预处理中心。

5. 猪场转运

(1) 猪场物料转运车从对应猪场到达二级/三级洗消中心净区，由洗消中心工作人员根据各猪场物料转运优先级、物料转运车装载量将物料装载于货车上。

(2) 装载过程中，猪场物料转运司机穿鞋套、戴手套，扫描二维码清点装车物料，上车时脱鞋套、手套，使用75%酒精对手及手接触过的位置进行消毒；司机活动范围仅限预处理中心净区。

(3) 装车完毕后，猪场物料转运司机手机应用端点击“发车”按钮，转运物资进入流转环节。

6. 猪场洗消

(1) 物料转运至猪场后，司机不下车。

(2) 需使用1：200戊二醛消毒液对育肥场物料转运车辆外表进行喷雾消毒，静置15 min。

(3) 猪场工作人员扫码盘点接收，按系统提示对物料进行分类消毒，流程与预处理中心一致。

(4) 消毒完成后，系统自动提醒猪场工作人员领取物料，将物料入库。

7. 猪场生产区洗消

申请领用的物料分批次在生产区消毒通道分类，按要求进行消毒。物料消毒时间不达标，生产区内无法打开物料取用通道门禁。

四、外购/外售精液转运流程

1. 外购精液转运

(1) 外购精液转运车司机收到任务工单后，到达其他猪场外围、火车站、飞机场、快递公司等指定地点，扫描二维码核对待转运精液信息，对外购精液转运箱外表面进行全面喷洒消毒。

(2) 转运车司机上下车作业要求：下车前穿鞋套、戴手套，上车时脱鞋套、手套，使用75%酒精对手及手接触过的位置进行消毒。

(3) 外购精液转运车到达二级洗消中心，由二级洗消中心质检员扫码接收，进入外购精液进场流程。

(4) 外购精液转运车在二级洗消中心完成生物安全检测，合格后司机洗澡换衣，车辆进行洗消，换下的衣物放置于二级洗消中心脏区待下次使用。

2. 精液进场流程

精液进场流程即精液进入种猪场生产区的流程，包括内部精液进场和外购精液进场。

(1) 内部精液进场：即本公司内部公猪站生产精液转运进场。

内部精液转运车司机接到任务工单后，将内部精液转运车开至三级洗消中心进行彻底洗消后，开到公猪站隔离区外围。

到达公猪站隔离区外围后，司机下车前穿戴一次性鞋套和手套，使用1∶200戊二醛消毒液对车辆轮胎及底盘进行消毒；更换白大褂和一次性手套后进入公猪站销售间，扫描二维码领取精液，使用1∶200戊二醛消毒液对销售间进行全面消毒。

内部精液转运车辆返回种猪场，将精液转运箱放置于消毒间，并扫描二维码完成任务工单。

种猪场精液接收负责人自动收到精液转运任务工单。

（2）外购精液进场：即非本公司公猪站生产精液转运进场。

外购精液由外部精液转运车辆转运至二级洗消中心后，由二级洗消中心质检员拆除最外层转运箱，使用75%酒精对精液转运箱进行喷洒消毒后，扫码接收。

三级洗消中心精液转运车司机自动接收到精液转运任务工单，精液转运车辆在二级洗消中心洗消，司机洗澡换衣后到消毒通道领取精液。

将精液送至三级洗消中心，由三级洗消中心质检员拆除第二层转运箱，使用75%酒精对精液转运箱进行喷洒消毒后，扫码接收。

内部精液转运车司机自动接收到精液转运任务工单，开车至三级洗消中心，司机穿戴白大褂、一次性手套进入消毒间，使用75%酒精对最内层精液转运箱进行喷洒消毒后取出。

内部精液转运车辆返回种猪场，将精液转运箱放置于消毒间，并扫描标签完成任务工单。

种猪场精液接收负责人自动收到精液转运任务工单。

（3）转运至种猪场生产区。

种猪场精液接收负责人收到任务工单后，待场内专用精液转运箱进入消毒间，扫码接收精液后，使用75%酒精对精液转运箱进行喷洒消毒后打开，再次使用75%酒精将装有精液的自封袋消毒后，将其放入场内专用精液转运箱。

种猪场精液接收负责人将场内专用精液转运箱送至生产区消毒间货架上，扫描生产区消毒间标签完成任务工单。

生产区精液接收负责人自动收到精液处置任务工单。

生产区精液接收负责人进入消毒间净区，使用75%酒精对场内专用精液转运箱进行喷洒消毒后打开，再次使用75%酒精将装有精液的自封袋进行喷洒消毒，带至精液化验室保存，扫码接收，完成任务工单。

消毒全过程由AI系统自动分析监督。

3. 外售精液获取

（1）内部精液转运车司机收到任务工单，将内部精液转运车辆开到三级洗消中心进行彻底洗消，开到公猪站隔离区外围，司机穿戴一次性鞋套和手套下车，使用1∶200戊二醛消毒液对车辆轮胎及底盘消毒。

（2）司机更换白大褂、一次性手套，刷脸进入公猪站销售间，扫描包装二维码领取外售精液后，使用1∶200戊二醛消毒液对销售间进行全面消毒。

4. 外售精液转运

（1）内部精液转运车辆将外售精液转运至三级洗消中心净区，由三级洗消中心工作人员转移至脏区，在脏区进行最外层精液转运箱包装，张贴二维码。

（2）内部精液转运车在三级洗消中心进行洗消后返回公猪站。

（3）外部精液转运车辆根据任务工单指示在二级洗消中心洗消，司机洗澡换衣，按照指定路线到达三级洗消中心大门外扫码接收外售精液。外部精液转运车按任务工单指示将外售精液配送至其他猪场、火车站、飞机场、快递公司等目的地。

五、药品/疫苗进场流程

1. 疫苗质量评估

采用荧光 RT-PCR 定量检测、微量细胞 ELISA 检测、耐热性保护实验检测、外来病原 PCV 检测、外来病原 BVDV 检测等检测方法对疫苗质量进行评估检测，评估合格的疫苗方可允许进场。

2. 预处理中心消毒

（1）药品/疫苗到达预处理中心后，由预处理中心工作人员扫码接收，拆除药品/疫苗外包装，使用 1∶200 过硫酸氢钾复合物消毒液浸泡消毒。

（2）按配送目的地重新包装，张贴二维码。

（3）药品/疫苗转运车司机根据任务工单提醒，达到预处理中心扫码领取药品/疫苗，转运至二级洗消中心。

（4）装车时，要求疫苗不可与其他物料混装。

3. 进场流程

（1）药品/疫苗转运至二级洗消中心后，司机不下车，质检员按 10% 比例对转运车辆进行生物安全抽检，洗消中心工作人员按车辆洗消流程对物料转运车进行洗消，眼观检查合格后进入下一流程。

（2）进入种猪场物料流转至三级洗消中心，进入育肥场物料流转至育肥场隔离区。

（3）三级洗消中心工作人员扫码盘点接收，使用 1∶200 过硫酸氢钾复合物消毒液浸泡消毒。转运至种猪场物料消毒间，再次使用 1∶200 过硫酸氢钾复合物消毒液浸泡消毒后扫码入库。

（4）药品/疫苗转运车辆到达育肥场隔离区门口，司机全程禁止下车，由育肥场隔离区人员使用 1∶200 戊二醛消毒液对车辆外表进行喷雾消毒，等待 15 min；到达育肥场消毒通道门口，育肥场隔离区工作人员负责卸载，对疫苗使用 1∶200 过硫酸氢钾复合物消毒液浸泡消毒后入库保存。

（5）如有生物安全检测结果异常，马上上报，对洗消中心、人员及库房按阳性应急预案做紧急处理。

4. 药品/疫苗抽检

兽医从不同批号疫苗中随机抽取 1 瓶送动保检测，检测合格方可使用。

5. 药品/疫苗领用

猪场生产区根据需要领取药品/疫苗，在生产区消毒间使用 1∶200 过硫酸氢钾复合物消毒液浸泡消毒后方可使用。

六、饭菜配送流程

出于生物安全考虑，猪场工作人员日常所需饭菜可采用配套中心厨房统一加工、统一配送的方式。配送流程如下。

（1）配套中心厨房厨师将做好的饭菜装入一次性饭盒中，放入饭菜专用配送箱中，通勤车闭环转运至猪场。

（2）猪场隔离区工作人员穿鞋套，出场区领取饭菜专用配送箱，喷洒75%酒精消毒，脱掉鞋套返回场区。

（3）将饭菜专用配送箱放入消毒间高温消毒柜中，85 ℃消毒10 min。

（4）生活区工作人员使用75%酒精对高温消毒柜门把手、专用配送箱消毒后，将专用配送箱取出。

（5）生活区工作人员统一在餐厅就餐。

（6）由专人将生产区值班人员的饭菜运送至生产区消毒间，放入高温消毒柜，85 ℃消毒10 min后方可取出食用。

七、猪场餐用猪肉管理流程

出于生物安全考虑，猪场工作人员餐用猪肉由本场提供。餐用猪肉管理流程如下。

1. 待宰猪检验

采集待宰猪血液等样本送动保中心检验，检验合格后，方可屠宰。

2. 待宰猪屠宰

（1）生产区将待宰猪只一次性赶出至装售猪缓冲存放间。

（2）屠宰人员进入装售猪缓冲存放间，更换装卸猪平台上专用鞋，穿戴防护服和手套，将待宰猪赶下装卸猪平台。

（3）在装卸猪平台下进行猪只宰杀并分割，废料堆肥处理。

（4）宰杀完毕后，要求对装卸猪平台、屠宰工具进行洗消。

3. 餐用猪肉配送

（1）使用双层塑料袋包装配送育肥场餐用猪肉，由通勤车配送至洗消中心，洗消中心工作人员去除外层塑料袋，喷洒75%酒精消毒，由育肥场通勤车运送至配套中心厨房保存。

（2）配送种猪场餐用猪肉需由中心厨房煮熟，塑料袋密闭打包，配送至种猪场后，司机穿戴一次性鞋套、手套下车，使用1：200戊二醛消毒液对车辆轮胎、底盘进行消毒。种猪场隔离区工作人员将熟肉放入消毒通道高温消毒柜内，85 ℃消毒10 min，消毒完毕后，种猪场生活区人员将熟肉取出保存。

八、猪群健康监测样品出场流程

根据动保中心要求采集的猪群健康监测样品，如血液、唾液、排泄物等，其出场流程如下。

（1）在猪场生活区封装猪群健康监测样品，张贴二维码，放入生产区物料消毒通道冷藏柜保存，提交样品出场申请。

（2）内部样品转运车司机接收任务工单，按照工单指引扫码领取样本，并转运至对应洗消中心净区，将样品放入洗消中心物料消毒通道冷藏柜，扫描洗消中心物料通道净区标签，完成转运任务。

（3）洗消中心样品转运车司机接收任务工单，按照工单指引扫码领取样本，并转运至预处理中心，将样品放入预处理中心物料消毒通道冷藏柜，扫描预处理中心物料通道净区标签，完成转运任务。

（4）外部样品转运车司机接收任务工单，按照工单指引扫码领取样本，并转运至动保中心，动保中心人员扫码领取样本并保存，完成转运。

第三节　车辆流动控制

车辆同样是疾病传播的高风险因素，应高度重视。对猪场可能用到或接触到的车辆进行归类划分，使用生物安全智能管理系统进行登记，严格按照流程进出猪场。不同类型车辆执行业务、目的地不同，因此行驶路线、洗消流程不同。

一、车辆进场基础流程

车辆作为生猪养殖操作具体业务执行载体，所有车辆进场流程均为业务驱动。各类车辆驾驶司机收到任务工单后，按照任务工单流程指引，通过各级洗消中心洗消后方能进入。预处理中心执行外来车辆、跨场车辆、到过屠宰场及食品加工厂车辆的初级洗消，应远离猪场；二级洗消中心为育肥场的前置洗消中心，也执行去往种猪场车辆的二级洗消工作；三级洗消中心为种猪场前置洗消中心。

（一）洗消中心洗消流程

1. 车辆到达

根据任务工单指引到达洗消中心进车通道，通过车牌识别进入车辆洗消房。

2. 司机洗消

车辆驾驶司机进入人员洗消通道进行洗消。

3. 车辆洗消流程

（1）洗消中心洗消员根据任务工单，在洗消中心预处理间更换防护服，携带防水终端，进入洗消房开始工作。

（2）洗消员确认当前车辆车牌与终端显示车牌一致，终端点击“开始洗消”按钮，系统自动判断车辆类型及所处位置，洗消间语音设备提示当前车辆信息、主要洗消流程及预计花费时间。

（3）洗消间语音设备提示进入第一步流程：生物安全检测，预计执行时间 4 h。洗消中心采样人员需对车体、轮胎、车厢门把手、车厢内、驾驶室内等进行多点混合采样，无需等待检测结果，采样人员终端点击“下一流程”按钮。

（4）洗消间语音设备提示进入下一步流程：清水打湿，预计持续时间 30 min。洗消员使用高压水枪将车辆除驾驶室外全部打湿。操作结束后，洗消员终端点击“下一流程”按钮。

（5）洗消间语音设备提示进入下一步流程：粪污冲洗，预计持续时间 2 h。洗消员使用高压水枪将车辆上附着的粪污冲洗干净。操作结束后，洗消员终端点击“下一流程”按钮。

（6）洗消间语音设备提示进入下一步流程：泡沫浸泡，预计持续时间 35 min。洗消员将消毒泡沫喷洒于车辆表面，实现全覆盖。执行本流程时，进水口继电器自动切换为消毒泡沫通道，无需手动切换。操作结束后，洗消员终端点击“下一流程”按钮。

（7）洗消间语音设备提示进入下一步流程：全车擦拭，预计持续时间 30 min。洗消员进一步清理车辆上附着的粪污。操作结束后，洗消员终端点击“下一流程”按钮。

（8）洗消间语音设备提示进入下一步流程：热水清洗，预计持续时间 90 min。洗消员使用高压水枪冲洗车辆。本流程设定为水温 60 ℃以上，冲洗开始后加热设备自动开启，保证出水温度。操作结束后，洗消员终端点击“下一流程”按钮。

（9）洗消间语音设备提示进入下一步流程：沥水，预计持续时间 15 min。完成后，洗消员终端点击“下一流程”按钮。

（10）洗消间语音设备提示进入下一步流程：洗消员自查。洗消员对全车进行眼观检测，保证全车没有可见粪污。完成后，洗消员终端点击“下一流程”按钮。

（11）系统进入下一步流程：质检员检查。质检员收到任务工单后，更换防护服，携带防水终端，进入洗消房进行检查。如检查通过，进入下一流程；如检查未通过，则返回第一步重新开始，洗消员重新进行洗消。

（12）洗消间语音设备提示进入下一步流程：消毒，预计执行时间 30 min。洗消员将消毒液喷洒于车辆表面，实现全覆盖。执行本流程时，进水口继电器自动切换为消毒液通道，无需手动切换。此时生物安全检测结果已出，如发现非洲猪瘟病毒等病原，执行二次生物安全检测，并对洗消间入口和内部进行全面消杀，车辆等待第二次生物安全检测结果，通过后方可执行下一步流程。

（13）系统进入下一步流程：转移烘干。烘干人员接收任务工单，穿一次性鞋套从净区进入洗消房，上车后脱掉一次性鞋套，将一次性鞋套留洗消间处理。驾驶车辆转移至烘干房，烘干持续 30 min，保证车辆无水滴、无湿润区域。完成后，烘干人员终端点击“完成烘干”按钮。

（14）车辆离开洗消房后，洗消房语音设备自动提示进入下一步流程：冲洗洗消房，预计持续时间 30 min。车辆洗消全流程结束，洗消员任务工单自动转为完成状态。

（15）车辆烘干完成后，司机自动收到任务工单，按照工单指示将车辆开往下一级洗消中心或猪场。

（16）全部车辆洗消流程结束后，系统自动生成车辆洗消单，包括车辆详情、洗消过程详情、洗消全流程全角度视频回放、生物安全检测结果。下一流程检测人员及管理层可实时收到相关推送。

（二）猪场检查流程

车辆到达猪场后，猪场车辆检查人员接收任务工单，对车辆进行眼观检查。检查通过，可开往指定区域；检测不通过，返回上一级洗消中心重新洗消，并触发系统相关绩效惩罚机制，对相关人员进行惩罚。

二、通勤车/物料转运车进出管理

1. 通勤车/物料转运车行驶路线

（1）洗消中心通勤车/物料转运车：行驶路线为预处理中心净区至二级洗消中心脏区、二级洗消中心净区至三级洗消中心脏区。

（2）种猪场通勤车/物料转运车：行驶路线为三级洗消中心净区至种猪场隔离区。

（3）育肥场通勤车/物料转运车：行驶路线为二级洗消中心净区至育肥场猪场隔离区。

2. 通勤车/物料转运车洗消

（1）通勤车/物料转运车按车辆进场基础流程进行洗消。

（2）通勤车/物料转运车到达猪场时，需使用 1：200 戊二醛消毒液对车辆轮胎、底盘进行消毒。司机不下车；若需下车作业，需穿戴一次性鞋套、手套；完成作业后，上车前脱一次性鞋套、手套，放入提前准备好的垃圾袋中，扔出窗外，由猪场消毒处理，使用 75%酒精对手部及手接触过的位置进行喷雾消毒。

（3）种猪场通勤车/物料转运车每天到三级洗消中心洗消 1 次。

（4）育肥场通勤车/物料转运车每天到二级洗消中心洗消 1 次。

3. 通勤车/物料转运车外出

（1）通勤车/物料转运车均为内部专用车辆，除加油和维修以外不得外出。外出必须提交申请，猪场负责人审核通过后方可外出，沿指定路线到达指定加油站或维修厂，未按指定路线行驶系统将实时预警。

（2）通勤车/物料转运车外出后，需返回二级/三级洗消中心洗消。

（3）公猪场、种猪场通勤车在三级洗消中心加油，不得外出。如外出维修，返回时在三级洗消中心进行车辆洗消、司机洗澡换衣。

三、饲料车进出管理

1. 洗消中心洗消

（1）各场饲料车司机接到系统任务工单，根据任务工单提示，执行车辆进场基础流程。

（2）司机洗澡换衣，在洗消中心净区一侧等待。司机脱下的工作服、工作鞋用消毒液浸泡后，进行清洗、烘干、叠放，储存在洗消中心净区饲料车司机专用柜内。

（3）饲料车烘干完毕后，司机驾车离开洗消中心去往场区。

2. 猪场消毒检查

（1）到达育肥场，育肥场流动消毒人员对车辆外表进行喷雾消毒，使用60%二氯异氰脲酸钠1：1 000消毒液。

（2）到达种猪场，司机下车需穿鞋套、戴手套，使用1：200戊二醛消毒液对车辆轮胎、底盘进行喷雾消毒。

3. 储料塔上料作业

（1）到达指定场区储料塔附近，司机下车需穿鞋套、戴手套，使用75%酒精对料管、上料口进行喷雾消毒后开始上料，上料期间确保料管不接触地面。

（2）上料作业完毕后，清理作业区域散落的饲料。

（3）整个作业完毕后，司机脱鞋套、手套上车，确保鞋不接触地面，使用75%酒精对手、鞋子及接触过的位置进行喷雾消毒后，驾车驶离猪场。

（4）司机进行上料作业时，全程由AI监控系统自动监督。

4. 饲料车进出场注意事项

（1）在整个运输途中，司机不能下车。如遇到突发状况，需穿鞋套、戴手套下车处理，上车时脱鞋套、手套，避免污染驾驶室。

（2）饲料车如需维修，需到物流部指定修理站进行修理。

四、生猪运输车进出管理

（一）仔猪运输车进出管理

1. 仔猪运输车进出场流程

1）洗消中心洗消

仔猪运输车司机接到系统任务工单，驾车到达三级洗消中心，按车辆进场基础流程进行洗消。司机洗澡换衣，在洗消中心净区一侧等待。司机脱下的工作服、工作鞋用消毒液浸泡后，进行清洗、烘干、叠放，储存在洗消中心净区饲料车司机专用柜内。洗消完毕后，驾车前往种猪场。

2）种猪场消毒

到种猪场前经最后一站消毒通道进行消毒后，开车至种猪场装售猪缓冲存放间，使用1∶200戊二醛消毒液对车辆轮胎、底盘、尾板进行二次消毒。

司机下车时穿戴手套、鞋套、防护服，更换随车专用鞋登上尾板，调整车内栏门和尾板门。

种猪场工作人员对车辆进行眼观检查，合格后方可进行仔猪装车，全流程AI监控。

3）仔猪装车

仔猪装车过程严格按照三段式转猪流程进行，避免猪只回流。

作业过程中司机不得与装卸猪平台转猪工作人员接触，不得跨出车辆尾板操作区域接触装卸猪平台。

仔猪装车结束后，司机脱手套、防护服、专用工作鞋，将转猪工具、专用工作鞋放入驾驶室内专用收纳箱中，使用75%酒精对手及手接触过的位置喷雾消毒。

4）到达育肥场

到达育肥场后，育肥场流动消毒人员对车辆轮胎、底盘、尾板进行喷雾消毒，使用60%二氯异氰脲酸钠1∶1 000消毒液。

到达育肥场装售猪缓冲存放间，司机下车时穿戴手套、鞋套、防护服，更换随车专用鞋登上尾板，等待卸下仔猪。

5）仔猪卸车

仔猪卸车过程严格按流程进行，避免猪只回流。

仔猪卸车结束后，司机脱手套、防护服、专用工作鞋，将转猪工具、专用工作鞋放入驾驶室内专用收纳箱中，使用75%酒精对手及手接触过的位置喷雾消毒。

6）车辆返回

仔猪运输车返回三级洗消中心，按车辆进场基础流程进行洗消。将转猪工具、专用工作鞋彻底洗消。司机洗澡换衣，司机脱下的工作服、工作鞋用消毒液浸泡后，进行清洗、烘干、叠放，储存在洗消中心净区仔猪运输车司机专用柜内。

2. 仔猪装卸操作流程

1）种猪场仔猪装车流程

种猪场工作人员通过系统收到仔猪运输车驶离三级洗消中心后自动触发的任务工单后，更换转猪专用连体工作服，进入装售猪缓冲存放间更换装卸猪平台下专用鞋，登上装卸猪平台时再次更换台上专用工作鞋、戴手套。

设置地磅栏门，等待转猪。

严格遵循三段式赶猪原则，避免猪只回流。过程中工作人员不得接触仔猪运输车，不得进入生产区内部转猪通道。

仔猪装车完毕后，对装卸猪平台、转猪工具、台上专用工作鞋进行洗消。

洗消完毕后，更换装卸猪平台下专用鞋，关闭装售猪缓冲存放间卷帘门，对装售猪缓冲存放间外围地面进行清扫，消毒处理手套、防护服。

返回隔离宿舍进行洗澡更衣，将转猪专用工作服用1∶200过硫酸氢钾复合物消毒液浸泡消毒，进行清洗、烘干、叠放。

2）育肥场仔猪卸车流程

育肥场隔离区工作人员通过系统收到仔猪运输车驶离种猪场后自动触发的任务工单

后，更换转猪专用连体工作服，进入装售猪缓冲存放间，更换装卸猪平台专用工作鞋、戴手套。

严格遵循三段式赶猪原则，避免猪只回流。

仔猪装车完毕后，对装卸猪平台、转猪工具、台上专用工作鞋进行洗消。

洗消完毕后，关闭装售猪缓冲存放间卷帘门，对装售猪缓冲存放间外围地面进行清扫，消毒处理手套、防护服。

进入生产区洗澡间进行洗澡更衣，将转猪专用工作服用1：200过硫酸氢钾复合物消毒液浸泡消毒，进行清洗、烘干、叠放，退出生产区，正常进行外围其他工作。

育肥场生产区工作人员完成装售猪缓冲存放间至生产单元仔猪转运。

生产区内仔猪转猪结束后，完成转猪工具清洗消毒，对转猪通道进行清理、消毒，使用1：200浓戊二醛消毒液。

生产区内部工作人员洗澡更衣，将转猪专用工作服用1：200过硫酸氢钾复合物消毒液浸泡消毒，进行清洗、烘干、叠放。

（二）育肥猪销售车进出管理

1. 育肥猪销售车进出场流程

1）预处理中心洗消

育肥猪销售车司机接到系统任务工单，驾车到达预处理中心，按车辆进场基础流程进行洗消。司机洗澡换衣，在预处理中心净区一侧等待。

2）二级洗消中心洗消

到达二级洗消中心，按车辆进场基础流程进行洗消，准备司机装猪使用的转猪专用工作服、专用工作鞋、鞋套、手套、防护服等。

司机洗澡换衣，在二级洗消中心净区一侧等待。

司机脱下的工作服用消毒液浸泡后，进行清洗、烘干、叠放，储存在二级洗消中心净区专用柜内。

洗消完毕后，驾车前往育肥场。

3）育肥场消毒

到达育肥场经最后一站消毒通道消毒后，开车至育肥场装售猪缓冲存放间。

司机下车时穿戴手套、鞋套、防护服，再次更换随车专用工作服、专用工作鞋登上尾板，做好转猪准备。

育肥场工作人员对车辆进行眼观检查，合格后方可进行育肥猪装车。

4）育肥猪装车

育肥猪装车过程严格按照三段式转猪流程进行，避免猪只回流。

作业过程中司机不得与装卸猪平台转猪工作人员接触，不得跨出车辆尾板操作区域，不得接触转猪平台。

育肥猪装车结束后，司机脱手套、专用工作服、专用工作鞋，将转猪工具、专用工作服、专用工作鞋放入驾驶室内专用收纳箱中，使用75%酒精对手及手接触过的位置喷雾消毒。

5）育肥猪卸车

到达屠宰场卸猪区域进行卸猪操作。司机下车穿戴手套、鞋套、防护服，更换屠宰场提供的专用工作鞋。

育肥猪卸车过程严格按照三段式转猪流程进行，避免接触屠宰场工作人员及卸猪平台。

卸猪结束后，脱下防护服、手套、屠宰场提供的专用工作鞋，上车前脱下鞋套，避免污染驾驶室。

6）车辆返回

驾驶育肥猪销售车返回预处理中心，按车辆进场基础流程进行洗消。司机洗澡换衣，司机脱下的工作服、工作鞋用消毒液浸泡后，进行清洗、烘干、叠放，储存在预处理中心育肥猪销售车司机专用柜内。

2. 育肥猪销售车进出场注意事项

（1）在整个运输途中，司机不能下车。如遇到突发状况，需穿鞋套、戴手套下车处理，上车时脱鞋套、手套，避免污染驾驶室。

（2）育肥猪销售车如需维修，需到物流部指定修理站进行修理，维修结束后直接到二级洗消中心进行全流程洗消。

（3）育肥猪销售车司机就餐时，按就餐时间所处位置领取对应洗消中心或猪场提供的餐食和饮水，餐具选用一次性饭盒，就餐完毕放到指定垃圾箱处理。不得途中自行购买食品和饮品。

（4）育肥猪销售车驾驶途中，窗户全程关闭。

（5）司机随身物品需通过预处理中心和二级洗消中心洗消后，方可带入驾驶室内。

（6）交班须通过预处理中心洗澡更衣，转运送至二级洗消中心进行洗消。

3. 育肥猪装车操作流程

1）待售育肥猪转出

生产区工作人员完成待售育肥猪生产单元至装售猪缓冲存放间转运。

生产区工作人员进入生产区洗澡间，洗澡更换转猪专用工作服。

生产区内待售育肥猪转猪结束后，完成转猪工具清洗消毒，对转猪通道进行清理、消毒，使用1：200戊二醛消毒液。

生产区工作人员洗澡更衣，将转猪专用工作服用1：200过硫酸氢钾复合物消毒液浸泡消毒，进行清洗、烘干、叠放。

2）待售育肥猪装车

育肥场隔离区工作人员更换转猪专用连体工作服，进入装售猪缓冲存放间，更换装卸猪平台专用工作鞋、手套。

严格遵循三段式赶猪原则，避免猪只回流。

育肥装车完毕后，对装卸猪平台、转猪工具、台上专用工作鞋进行洗消。

每天待售育肥猪装车结束，关闭装售猪缓冲存放间卷帘门，对装售猪缓冲存放间外围地面进行清扫，使用60%二氯异氰脲酸钠1：1 000消毒液全面消毒。

进入生产区洗澡间进行洗澡更衣，将转猪专用工作服用1：200过硫酸氢钾复合物消毒液浸泡消毒，进行清洗、烘干、叠放，退出生产区，正常进行外围其他工作。

（三）淘汰猪运输车进出管理

1. 淘汰猪运输车进出场流程

1）三级洗消中心洗消

淘汰猪运输车司机接到系统任务工单，驾车到达三级洗消中心，按车辆进场基础流程进行洗消。司机洗澡换衣，在洗消中心净区一侧等待。洗消完毕后，驾车前往种猪场。

2）种猪场消毒

到种猪场前经最后一站消毒通道进行消毒后，开车至种猪场装售猪缓冲存放间，使用1：200戊二醛消毒液对车辆轮胎、底盘、尾板进行二次消毒。

司机下车时穿戴手套、鞋套、防护服，搭好淘汰猪上车廊桥，登上车厢需更换随车专用工作鞋。

由种猪场工作人员对车辆进行眼观检查，合格后方可进行淘汰猪装车。

3）淘汰猪装车

淘汰猪装车过程严格按照三段式转猪流程进行，避免猪只回流。

作业过程中司机不得与装卸猪平台转猪工作人员接触，不得接触转猪平台。

淘汰猪装车结束后，司机脱手套、专用工作服、专用工作鞋，将转猪工具、专用工作服、专用工作鞋放入驾驶室内专用收纳箱中，使用75%酒精对手及手接触过的位置喷雾消毒。

4）淘汰猪卸车

淘汰猪运输车到达二级洗消中心洗消通道内，使用廊桥对接转猪。

司机下车时穿戴手套、鞋套、防护服，搭好淘汰猪上车通道，登上车厢需更换随车专用工作鞋。

淘汰猪装车过程严格按照三段式转猪流程进行，避免猪只回流。

作业过程中司机不得与二级洗消中心工作人员接触，不得接触廊桥。

廊桥赶猪由二级洗消中心工作人员负责，对接车司机在车厢内接猪。

5）二级洗消中心洗消

转猪完毕后，按车辆进场基础流程在二级洗消中心进行洗消。

对廊桥、转猪工具、专用工作鞋进行洗消，放回驾驶室内专用收纳箱中。

司机洗澡换衣，司机脱下的工作服、工作鞋用消毒液浸泡后，进行清洗、烘干、叠放，储存在二级洗消中心淘汰猪运输车司机专用柜内。

将洗消合格的淘汰猪运输车开到车库停放。

6）过程监督

淘汰猪运输车洗消、淘汰猪转运过程由场长/兽医或指定人员监督。

2. 淘汰猪装车操作流程

（1）种猪场隔离区工作人员通过系统收到任务工单后，更换淘汰猪转猪专用连体工作服，进入装售猪缓冲存放间更换装卸猪平台下专用鞋，登上装卸猪平台时再次更换台上专用工作鞋、手套。

（2）设置廊桥和地磅栏门，等待转猪。

（3）严格遵循三段式赶猪原则，避免猪只回流。过程中工作人员不得接触淘汰猪运输车，不得进入生产区内部转猪通道。

（4）淘汰猪装车完毕后，对装卸猪平台、转猪工具、台上专用工作鞋进行洗消。

（5）洗消完毕后，更换装卸猪平台下专用鞋，关闭装售猪缓冲存放间卷帘门，对装售猪缓冲存放间外围地面进行清扫，消毒处理手套、防护服。

（6）返回隔离宿舍进行洗澡更衣，将转猪专用工作服用 1：200 过硫酸氢钾复合物消毒液浸泡消毒，进行清洗、烘干、叠放。

第四节　病死猪及废弃物的无害化处理控制

一、病死猪及胎衣处理流程

（一）病死猪及胎衣转运流程

1. 种猪场病死猪及胎衣转运流程

（1）按照任务工单指引，生产区工作人员穿戴手套、防护服，将病死猪及存放胎衣的垃圾袋放至隔离缓冲间内侧大门。

（2）打开正压风机，运行 15 s。

（3）刷脸打开隔离缓冲间净区大门，将病死猪及存放胎衣的垃圾袋放至隔离缓冲间内。

（4）生产区工作人员脱下手套、防护服，放入隔离缓冲间内，关闭隔离缓冲间内侧大门。

（5）对平板车、抓猪器等转运工具进行冲洗消毒，不得跨区域使用。

（6）种猪场隔离区工作人员按照任务工单指引，穿戴手套、防护服，更换隔离缓冲间专用工作鞋，到达隔离缓冲间外侧大门。

（7）打开正压风机，运行 15 s。

（8）刷脸打开隔离缓冲间净区大门，将病死猪及存放胎衣的垃圾袋从隔离缓冲间内取出，放至转运车辆准备堆肥处理。

（9）对隔离缓冲间进行清洗消毒，检查紫外灯是否正常工作。

（10）驾驶转运车辆至堆肥区，进行病死猪及胎衣堆肥。

（11）堆肥作业结束后，清洗转运车辆，对转运车辆和堆肥区进行消毒作业，夏季时可喷洒灭蝇药。

（12）消毒完毕后，将防护服、手套扔至指定垃圾桶，定期消毒处理。

（13）工作人员返回隔离区洗澡间，洗澡更衣。

（14）注意病死猪及胎衣在隔离缓冲间存放时间，冬季不得存放超过 3 d，夏季高温时不得超过 1 d。

2. 育肥场病死猪转运流程

（1）按照任务工单指引，工作人员穿戴手套，将病死猪放至装售猪缓冲存放间装卸猪平台。

（2）工作人员脱下手套，放在装售猪缓冲存放间装卸猪平台。

（3）对平板车、抓猪器等转运工具进行冲洗消毒，不得跨区域使用。

（4）洗澡更衣出生产区，穿戴手套、防疫服，更换专用工作鞋。

（5）由外围病死猪专用门进入装售猪缓冲存放间装卸猪平台，将病死猪放入转运车辆准备堆肥处理。

（6）对装售猪缓冲存放间装卸猪平台进行清洗消毒。

（7）驾驶转运车辆至堆肥区，进行病死猪及胎衣堆肥。

（8）堆肥作业结束后，清洗转运车辆，对转运车辆和堆肥区进行消毒作业，夏季时可喷洒灭蝇药。

（9）消毒完毕后，将防护服、手套扔至指定垃圾桶，定期消毒处理。

（10）工作人员返回隔离区洗澡更衣，当天不得返回生产区。

（11）注意病死猪及胎衣在隔离缓冲间存放时间，冬季不得存放超过 3 d，夏季高温时不得超过 1 d。

（二）病死猪及胎衣堆肥流程

1. 场地准备

（1）堆肥区应防雨，棚屋檐高应不少于 2.5 m，通风良好。

（2）堆肥区应不少于 4 间，每间长、宽、高分别为 6.0 m、4.0 m、2.0 m，“U”形布局，即三面围墙、一面开口，场面和墙面用水泥砂浆硬化。

2. 原料准备

堆肥原料为病死猪及胎衣、木屑，辅料可选择发酵用微生物菌剂等。

3. 堆肥流程

（1）在地面上铺一层厚 20~30 cm 木屑。

（2）对死亡的大猪，应预先处理成 4 块碎尸后再堆放，堆放要求离墙壁 20 cm，猪尸体或尸块每个间隔 15 cm。

（3）在猪尸体、尸块上铺一层厚 20~25 cm，湿度为 60%的木屑。

（4）重复以上两步，层层堆放，可堆放到 1.5 m 高。

（5）最后铺一层厚 30~40 cm 的木屑。

（6）在自然通风状态下发酵，保证堆体内物料的温度达到 55 ℃以上，并保持 10 d 以上。堆体内物料温度低于 55 ℃时，需添加一定量的发酵菌直到温度上升。

（7）经过 60~90 d 发酵后，堆体内物料温度下降到 45 ℃以下，首次堆肥结束。

（8）将一期堆肥所有的残余物转移到另一个空的堆肥房，按照以上步骤重新堆肥 1 次。

（9）无害化合格的化尸堆可以用于农作物施肥。

二、排污流程

（1）各场排污工作人员收到排污任务工单后，按照人员进场流程进场。

（2）排污工作人员和排污工具由专用车辆进行转运进场。

（3）排污作业时，排污负责工作人员只能进入场区舍内排污口到暂存池区域，配戴一次性手套将排污泵接口与地下排污管道接口对接。

（4）育肥场需要大型搅拌机等工具进舍时，需在装售猪缓冲存放间装卸猪平台进行彻底清洗消毒。

（5）大型搅拌机等工具使用完毕后，在舍内冲洗掉表面粪污，推出装售猪缓冲存放间装卸猪平台装车。

（6）排污作业结束时，排污工作人员和排污工具由专用车辆进行转运至二级洗消中心。按车辆进场基础流程进行洗消，排污工作人员洗澡换衣，排污工具进行清洗消毒。

第五章 猪场通用操作标准流程

第一节 猪的驱赶、装卸和保定

一、猪的行为和基本解剖学特征

对于任何阶段及类型的猪只而言，驱赶、转群和保定都是一种应激。为了安全、有效地完成相关操作，减少应激，需对操作过程中涉及猪的感觉系统和社会行为特点有所了解。

（一）猪的感觉系统

猪的行为受其基本感觉器官所接收到的环境信息所驱使。

猪的视觉很弱，缺乏精确的辨别能力。猪拥有大约310°的周边视觉，对外部世界能获得全面的视图。然而，在这310°的周边视觉中，只有大约12°为其最佳视角。类似其他的动物，猪的正后方为其视野的盲点，并只有适度的距离判断能力。因此，人员、光亮度的变化、物体的移动及颜色的对比都会使猪产生迟疑和畏缩感，猪的安全区和逃逸平衡点主要由视觉决定。

猪耳形大，外耳腔深而广，听觉相当发达。猪的听觉系统可感觉频率介于40～40 000 Hz的声波，即使是微弱的声响，都能敏锐地觉察到。因此，环境喧闹、高噪声（猪受伤时发出的尖叫声）都会使猪受到惊吓，影响猪的行为。猪拥有特殊的鼻子，嗅觉广阔，嗅黏膜的绒毛面积很大，分布在嗅区的嗅神经非常密集。猪的嗅觉非常灵敏，对任何气味都能嗅到和辨别。据测定，猪对气味的识别能力高于犬1倍，比人高7～8倍。猪的行为表现受大量的嗅觉反应影响。触觉通过皮肤和皮下组织的神经末梢来获得，鼻子是猪重要的触觉器官，也可以通过蹄底部感知地面纹理的变化，猪会对不熟悉的地面产生迟疑感。

（二）猪的社会行为

猪是社会性动物，以群体的方式进行生活，或将群体置于视野范围内，或与同圈猪保持着身体接触。在驱赶、转群过程中，某只个体因被隔离而变得极度焦虑不安，则会引起整个猪群的焦虑，可能会对猪只的生产性能和肉质产生负面影响。

（三）猪的逃逸区和平衡点

猪的逃逸区是指其私有空间，任何人或动物侵入时它都会做出逃逸反应。养殖场猪只逃逸区的大小取决于其对养殖人员的熟悉程度，熟悉的养殖人员可以直接面对面接触猪只；不熟悉的养殖人员进入猪的逃逸区，猪会逃逸；若猪只看不见逃逸路线，则可能会试图转身或冲向养殖人员，对养殖人员造成伤害。猪的逃逸平衡点位于肩膀两侧。养殖人员位于逃逸平衡点的后方，猪只会向前移动；养殖人员位于逃逸平衡点的前方，猪只会向后移动。掌控和利用猪的安全区和逃逸平衡点，就能很方便地驱赶猪只，减少应激（图5-1）。

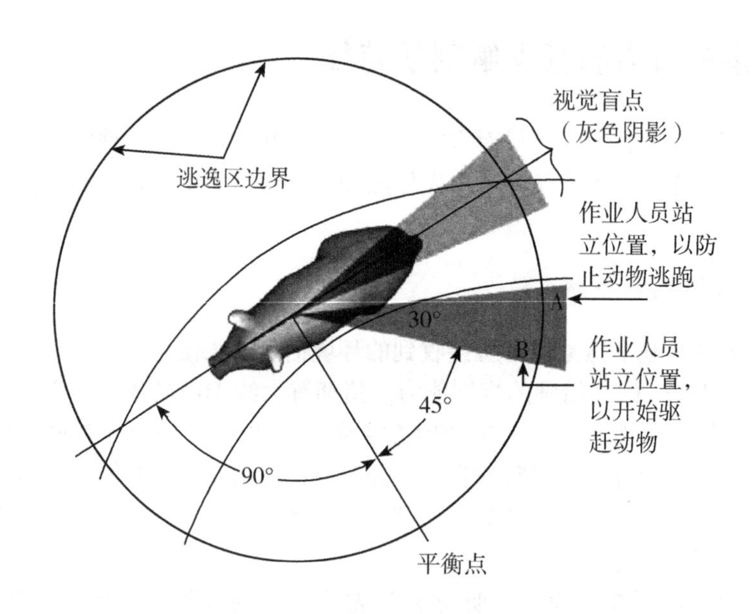

图5-1　猪的逃逸区和平衡点

二、猪只驱赶标准流程

1. 用具准备

转群猪只清单、赶猪板、塑料赶猪拍等（图5-2）。

2. 通道设置

设置好从猪只所在位置到目的地的门和通道。通道光亮，无亮度反差；无任何障碍和分散猪只注意的物体（图5-3）。

3. 单次驱赶猪只数量

将猪从栏内赶出，注意单次驱赶猪只数量（表5-1）。

图 5-2 赶猪板（左）和塑料赶猪拍（右）

图 5-3 猪群驱赶通道设置

表 5-1 单次驱赶猪只数量标准

猪只类别	建议单次赶猪量	猪只类别	建议单次赶猪量
公猪	1 头	生长育肥猪	3~5 头
经产母猪	3~5 头	保育仔猪	10 头
后备母猪	3~5 头	断奶仔猪	20 头

4. 猪只驱赶

手持赶猪板、塑料赶猪拍等工具站在猪只驱赶区，使用鼓励性的声音和动作，促使猪只沿着设定通道前进（图 5-4）。如果猪只不合作，暂停让猪休息后再继续。禁止使用电击棍、禁止用工具击打、禁止大声呵斥。

5. 清点猪只

到达目的地后，清点猪只并进行相应记录。

6. 应激猪只处理

在驱赶过程中，猪只出现颤抖、呼吸急促、无法行走或皮肤发红等迹象，则判断为发生应激。

停止驱赶，休息待其恢复。

可用少量水打湿其休息的地面，或少量温水滴在猪只身体上。

若迅速恢复，则继续驱赶至目的地。

若恢复缓慢，则将其移入病猪栏，按伤病猪处理操作程序治疗。

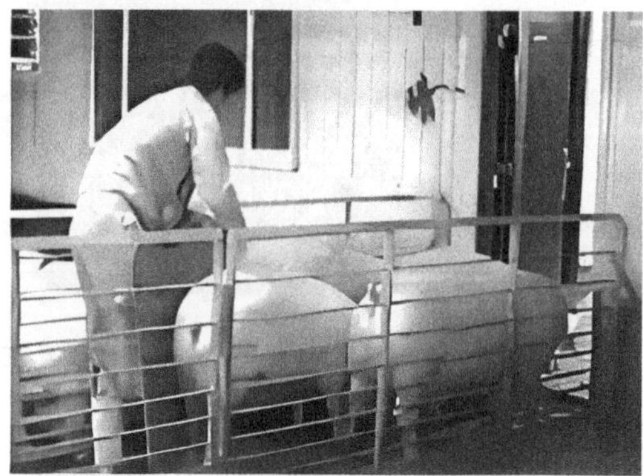

图 5-4　猪群驱赶过程

三、猪只装卸标准流程

1. 时间确定

确定猪只运输车辆到达时间。

2. 工具准备

转猪记录单、记号笔、挡猪板、塑料赶猪拍等。

3. 通道设置

设置好从猪只所处位置到目的地的门和通道。配置防滑斜面或提升装置、斜面角度不得大于20°。通道光亮，无亮度反差；无任何障碍和分散猪只注意的物体。

4. 司机对接

工作人员更换转猪专用工作服和工作鞋，指示司机到达猪场装售猪缓冲存放间装卸猪平台。

与司机对接转运猪群数量和发出猪场。

向司机强调卸猪操作标准。

5. 装卸猪

按单次驱赶猪只数量标准装卸猪，清点好数量，按猪只驱赶标准流程将猪只驱赶至目的地。

驱赶过程中，检查猪只是否存在受伤、健康问题。后备猪重点检查生殖器发育问题，断奶仔猪重点检查脐疝、阴囊疝、雌雄同体等问题，若发现则及时对猪只进行标记。

多次执行猪只驱赶标准流程，直至猪群全部装卸完。

若环境温度超过 24 ℃，可为待转运的猪群喷雾降温。

6. 信息核对

与司机核对转运猪只数量和基本信息。后备猪重点核对品种品系、出生日期、疫苗注射等信息；断奶仔猪重点核对断奶日龄、数量。

与司机核对死亡、受伤、不达标猪只数量。

无误后，司机和工作人员在转猪记录单上签名。

7. 人道处死

不适合生产、严重受伤的猪只，执行人道处死程序。

8. 洗消

对猪场装售猪缓冲存放间装卸猪平台进行洗消。

四、猪只保定标准流程

（1）工具准备，准备保定绳套、75%酒精、手套、耳塞等。确保绳套结实并使用75%酒精消毒。

（2）工作人员穿戴手套和耳塞。

（3）找到待保定的猪只，站立在其逃逸平衡点（肩膀）旁。

（4）将绳套开至直径约 150 mm 的环。

（5）利用猪探究时张嘴咬的本能，将绳套放进待保定的猪只嘴中，顺势在上颚犬齿后拉紧绳套。

（6）拉紧绳套使猪头上仰，进行采血等相关操作。

（7）结束后，松开绳套，同时快速取出绳套。

（8）清洗绳套，用 75%酒精消毒保存。

第二节　猪场卫生管理标准流程

环境是猪群赖以生存的基础条件，猪场环境卫生条件的优劣直接影响猪的生存健康。研究表明，猪舍长期使用后，粪便、灰尘和细菌组成的生物膜会附着在设备表面（漏缝地板、木质地板、水泥地板、不锈钢表面），会为大肠杆菌、沙门氏菌、弯曲杆菌等微生物的生长提供“土壤”，故需强化猪场环境卫生管理。

一、舍内卫生管理流程

（1）每天喂料后，清扫或清洗饲喂通道，洒落饲料可铲入料槽，若被污染则丢弃。

（2）每天猪群转移工作结束后，按相关的程序进行通道洗消。

（3）每天清理料槽。分娩舍注意分娩前后料槽内是否有剩料，及时清理变质饲料。保育舍、育肥舍注意检查料槽下料是否顺畅，及时清理变质饲料。

（4）每天清扫栏内积粪。配种舍、分娩舍注意清扫定位栏内母猪身体后部的积粪；保育舍、育肥舍注意清扫栏内排便区积粪。

（5）每天清理栏内死猪及胎衣，按病死猪及胎衣处理流程处理。

（6）每天清理舍内垃圾，如破损设备、废弃建筑材料、包装袋、输精管、废纸等。

（7）每天处理使用后的兽药包装、疫苗包装、注射器、针头等，清洗医用托盘，将未使用的兽药、疫苗送回储藏间。

（8）每天检查记录卡、登记簿等，确保放置在正确位置。如有松动应夹紧，如有遗失或不足应及时补充或更换。

（9）每天检查舍内设施设备，如墙壁、地板、电器设备、通风设备等，如有故障及时维修。

（10）每天观察舍内是否有鸟类、老鼠，如有发现，及时投药或设置陷阱。

（11）每天检查使用过的工具，如维修工具、料铲、铁锹、刮板、手推车等，放在正确的位置。

（12）每次空栏后，按照空栏后洗消标准程序冲洗、消毒猪舍。

二、空栏后洗消标准程序

1. 工具准备

准备高压清洗机、烘干机、消毒剂、刻度量杯、消毒液桶、泡沫喷壶、个人防护设备（防水连体服、护目镜、隔音耳罩、长筒雨靴、手套）、扫帚、铁锹、刷子、钢丝球、吹风机、电器防水套。

2. 洗消前准备

整理可移动工具并移出舍外，如保温垫、赶猪板、加药桶、疫苗架、灭蝇灯、手推车等。

拔掉保温灯的电源，收起保温灯。

先用吹风机除去灰尘，再沾取少量消毒剂擦洗电器设备。

使用电器防水套对舍内用电设备进行防水处理，包括各类电机、配电箱、探头等。电器防水套开口必须保证朝下，避免冲洗时进水。

拆除料槽，清理料槽中剩余的饲料。

清理漏缝地板和通道上的饲料和粪便。

收起插座延长线，确保所有插座防水盒关闭。

关闭舍内除照明外所有电源。

环境控制系统调整至空舍模式，严禁关闭舍内报警装置。

3. 清洗消毒流程

初次冲洗：连接高压清洗机水源，接通电源备用；使用清水冲洗掉表面的尘污后，打湿栏位初次浸泡 30 min。

泡沫剂浸泡：高压清洗机更换专用泡沫枪头，准备泡沫清洗剂；喷洒泡沫清洗剂，浸泡 30 min 以上，即可冲洗。

高压冲洗：工作人员穿戴防水连体服、护目镜、隔音耳罩、长筒雨靴、手套；使用 60 ℃的热水对圈舍进行全面高压清洗，冲洗时必须遵循从上至下、由内到外的原则，按舍内天花板—墙壁—保温罩—栏位—料槽—漏粪板的顺序进行冲洗；在冲洗风扇、进风口、料线等时，应将高压水枪枪头调成雾状，避免水压过大损坏设备。

深度清洁：配置 1∶200 的洗衣粉溶液（1 kg 洗衣粉、200 L 水，搅拌充分溶解），使用钢丝球、刷子擦拭高压冲洗未彻底冲洗干净的部位（料槽、料线部件、栏位角落等）。

监督检查：清洗完毕，由生产主管和兽医进行检查；检查项目包括地面、墙壁、栏位、墙体、料槽等设施设备；检查标准为无污渍、无粪便、无猪毛；检查合格并填写猪舍清洗记录表后，方可消毒。

消毒前干燥：圈舍冲洗结束后，用烘干机将舍内加热至 40 ℃，进行干燥，烘干时间不低于 4 h，保证圈舍充分干燥；是否干燥判断方法为使用红外线测温仪，当地面温度和室内温度一致时，或者将一张纸放在地上，几分钟内未出现褶皱时即为干燥。

消毒：待圈舍完全干燥后，按 800~1 000 mL/m^2用量计算消毒剂用量，配制好消毒液，工作人员佩戴防毒面具，按照高压冲洗程序并对猪舍进行消毒。

消毒后干燥：按消毒前干燥程序进行，充分干燥后备用，填写猪舍消毒记录表。

采样送检：兽医采集地面、墙壁、栏位、料槽、墙面等采样点样本，送动保中心对消毒效果进行评估；合格后方可进猪；若不合格进行二次消毒，进猪前再次消毒。

设施设备检修：检查所有设备的运行状况、风扇皮带松紧、风机能否正常运转等；夏季检查水帘降温能否正常运转；冬季检查进风口、墙体、风机口、门等严密程度。

检查环境控制系统：调试保温灯、热风机、检查温度控制器的准确性等，调整探头位置。

进猪准备：根据要求设定温度，提前预热，生产使用的报表及可移动工具应提前放入舍内备用。

4. 注意事项

冲洗过程中，时刻关注有毒有害气体检测仪数据，检测仪出现报警时应立即停止一切作业，撤出作业现场。

冲洗消毒过程中，关闭舍内除照明外所有电源，防止触电。

进行高压冲洗和消毒前一定要穿好个人防护设备，注意人身安全。

不得使用高压水直接冲洗料线软管、电机、保温灯等易损电器部件。

消毒前后要保证充分的干燥。

各单元的冲洗检查记录表及检测报告单至少保留6个月。

三、舍外卫生管理流程

（1）每次猪只装卸完毕后，对猪场装售猪缓冲存放间装卸猪平台进行洗消。

（2）每天更换消毒池、消毒桶内消毒液。

（3）每天检查料塔下是否有洒落的饲料，若有及时清理。

（4）每天检查使用过的工具，确保放在正确的位置。

（5）每周清理场区内的垃圾。

（6）每周或根据需要清理场区内杂草。

（7）每周检查舍外设备，重点检查防鸟网（如有）、通风窗、风扇、通气口、冷气仓、雨水通道、下水道。

（8）每月或根据需要喷洒除草剂。

四、更衣区卫生管理流程

（1）从生产区进入更衣区时，应彻底清洗工作鞋并放置在鞋架上。

（2）将脱下的工作服放入含1∶200过硫酸氢钾复合物消毒液的专用衣物桶中浸泡。

（3）每天清洗专用衣物桶中的工作服，烘干、叠好放入净区衣柜内。

（4）及时更换无法继续使用的工作服。

（5）每天清理洗澡间。清理置物架上的空洗发水瓶、包装袋等垃圾，清洗厕所，冲洗墙面、地面。

五、生活区卫生管理流程

（1）在进入生活区前更换鞋子。

（2）办公室卫生管理：每天整理办公桌桌面卫生，保证桌面纸张、笔等办公用品摆放整齐；每天清理办公室垃圾；每周或根据需要清扫办公室卫生，清扫地板，整理置物架，擦窗户。

（3）厨房餐厅卫生管理：每天打扫厨房餐厅，清理垃圾，特别注意食品储存室和冰箱。

（4）宿舍卫生管理：每天打扫宿舍，清理垃圾。

（5）会议室卫生管理：每周打扫会议室，清理垃圾，检查设备、用具。

（6）仓库卫生管理：每周整理设备仓库，清理垃圾。根据药品储存和处理程序，清理储药柜。

（7）料库卫生管理：每周清理袋装饲料仓库，清理垃圾，清扫洒落的饲料。

第三节　猪群健康管理流程

现代标准化猪场，养殖规模大、密度大，栏舍间距小，一旦发生传染病，场内传播更快，损失更大。定期监控与评估猪群健康，可在第一时间发现并处理有问题的猪只，把猪群疫病风险及疫病控制成本降到最低。

一、伤病猪的识别

通过观察猪的眼睛、吻突、耳朵、颈部、皮毛、背部、臀部、尾巴、胸部、腹部、四肢、躺卧姿势、活动、粪便、尿液、包皮、外阴、乳房、关节等，判断其精神、食欲、体温、呼吸状况，对照伤病猪识别标准，及时发现伤病猪并处理。

（一）公猪伤病猪识别标准

主要观察种公猪食欲、行为、体况、皮肤、包皮、阴囊、排泄等是否异常（表5-2）。如果种公猪皮肤粗糙、蹄裂、跛行，可能是营养不良，如锌和生物素缺乏；公猪不断摩擦栏杆，可能皮肤感染了真菌或寄生虫；公猪食欲减退、睾丸肿胀，可能感染了流行性乙型脑炎。

表5-2　公猪伤病猪识别标准

项目	正常猪	异常猪
采食饮水	正常采食和饮水	食欲废绝
体况	体况好	体况差
性行为	对母猪感兴趣，在栏内来回走动嚎叫，有频频撒尿动作 爬跨正常	对母猪不感兴趣，性反应迟钝 不爬跨，配种时间短，不舒服
声音	正常的呼噜声 嚎叫，见到母猪不停地叫	生病时典型的呻吟声 安静，没有声音
精神状态	警觉，反应灵敏 对饲养员反应正常	精神呆滞，反应迟钝 不理睬或害怕饲养员
躺卧	躺卧正常	起卧不安、颤抖、呕吐
行走	行走正常 动作轻快 平衡、协调性好 昂头	跛腿或僵硬 行走慢或不能站立 平衡、协调性差 低头
眼睛	明亮	流泪、目光呆滞
皮肤	完好无损 干净、有光泽	粗糙、受损、皱褶 多污垢、无光泽、潮红

（续表）

项目	正常猪	异常猪
关节	大小正常	增大，脓肿
阴囊	光滑、圆形、对称	肿大、发热
包皮、阴茎	正常外表	包皮肿胀、出血 白色分泌物 阴茎受损
粪便	颜色正常 形态较好	有黏液或血液 下痢或便秘
尿液	清澈 浅黄色	混浊 无色或血色
体温	正常体温 38.6 ℃	低于或高于正常体温
呼吸频率	正常呼吸频率 15~20 次/min	呼吸频率高或喘气 咳嗽或打喷嚏

（二）后备/妊娠母猪伤病猪识别标准

主要观察后备/妊娠母猪食欲、躺卧、行走、皮肤、乳房、外阴、排泄等是否异常（表 5-3）。如果母猪配种后外阴依然红肿，有白色恶露流出，可能是生殖道炎症；母猪不断摩擦栏杆，局部皮肤皱褶、龟裂、加厚，可能皮肤感染了真菌或寄生虫。

表 5-3 后备/妊娠母猪伤病猪识别标准

项目	正常猪	异常猪
采食饮水	正常采食和饮水	无食欲
声音	正常呼噜声 等待饲喂时的叫声	生病时特殊的叫声 打架的叫声 没声音
精神状态	警觉、精神好、反应灵敏 对饲养员的反应正常	精神不振、呆滞、反应迟钝 不理睬或害怕饲养员
躺卧	合群 躺卧正常	不合群 起卧不安、颤抖
行走	行走正常 平衡、协调	行走慢或不能站立 跛脚或僵硬 不平衡、不协调、低头
皮肤	无损伤 干净、有光泽	粗糙、皱褶、受伤 多粪污、无光泽、潮红
关节	正常尺寸	增大、脓肿
乳房	柔软，但有一定硬度	肿胀、脓肿、发热

（续表）

项目	正常猪	异常猪
外阴	透明的分泌物 无外伤	白色、黄色或血色恶露 有外伤，咬伤或刮伤
粪便	颜色正常 形态好	有黏液或血液 下痢或便秘
尿液	清澈 浅黄色	混浊 无色或血色
体温	正常体温 38.6~39 ℃	高或低于正常体温
呼吸频率	后备母猪 20~30 次/min 妊娠母猪 15~20 次/min	呼吸急促或气喘 咳嗽或打喷嚏

（三）泌乳母猪伤病猪识别标准

主要观察泌乳母猪乳房是否乳汁充足、是否有乳房炎，外阴水肿消退复原、恶露排出情况，母猪的食欲、饮水、排泄情况，母性表现好坏（表 5-4）。如泌乳母猪出现体温迅速上升、精神萎靡不振、呼吸急促以及外阴黏液出现恶臭气味等症状，可能是母猪生产后感染子宫炎；如泌乳母猪出现乳房发红发热、拒绝哺乳，伴随着精神萎靡、体温升高以及食欲不振等现象，可能是感染急性乳房炎症。

表 5-4　泌乳母猪伤病猪识别标准

项目	正常猪	异常猪
采食饮水	正常采食和饮水	食欲废绝
哺乳行为	正常哺乳	俯卧或站立，拒绝哺乳
声音	典型的、吸引仔猪吃奶的声音 对仔猪的正常呼唤声	沮丧时的尖叫声 太安静，没有和仔猪间的交流
精神状态	警觉，反应灵敏 安静	精神呆滞，反应迟钝 烦躁不安
起卧	正常起卧	不能站立
乳房	柔中带硬 粉红色 温度正常	水肿、坚硬 潮红、发绀或白色 发热
外阴	干燥，没有分泌物或少量清亮的分泌物，在分娩后 24~72 h 内为白色分泌物	白色、黄色或血色恶露
粪便	形态较好	干、硬，便秘
尿液	清澈 浅黄色	混浊 无色或白色

（续表）

项目	正常猪	异常猪
体温	正常体温 39 ℃，分娩时有些可达 40 ℃	高于或低于正常体温
呼吸频率	20~30 次/min，分娩时可能达 40~50 次/min	呼吸频率高，喘气，呼吸费力

（四）哺乳仔猪伤病猪识别标准

对于初生仔猪要注意观察哺乳情况，是否有神经症状、运动是否协调、脐带有无发炎、包皮有无积液、有无腹泻及粪便形态（表 5-5）。如出现黄白色粪便、水样腹泻、脱水症状明显、腹膜苍白、尾部坏死，可能是大肠杆菌引起的仔猪细菌性腹泻。如果出现精神不振、喜卧嗜睡、体温下降、食欲减退、黏膜苍白、被毛粗糙无光泽，可能是仔猪缺铁。

表 5-5 哺乳仔猪伤病猪识别标准

项目	正常猪	异常猪
哺乳情况	正常	不吮乳
体况	正常 腹部充盈	体况差，清瘦 腹部干瘪
声音	正常的呼噜声 正常抢乳的尖叫声	生病时的呻吟声 过度的尖叫
气味	正常，健康气味	腹泻气味
精神状态	警觉，反应灵敏	精神不振，反应迟钝
躺卧	合群 躺卧正常，四肢舒展	不合群 蜷缩，颤抖
行走	行走正常 动作迅速 平衡协调 昂头	跛脚或僵硬 行动慢，或不能站立 失去平衡，运动不协调 低头或偏向一侧
眼睛	干净，明亮	流泪，目光呆滞，眼睑紧闭
尾巴	向上卷尾	尾下垂，不卷
皮肤	光滑，无损 干净、粉红、有光泽 毛光亮、软滑	粗糙、皱褶、受损 有粪污、潮红/苍白、有斑点、无光泽 被毛粗乱
关节	大小正常	肿大
粪便	黑黄色、棕色 有一定黏度	白色、有黏液、出血 腹泻或水样腹泻
体温	正常体温 39.0~39.3 ℃	高或低于正常体温
呼吸频率	呼吸频率 30~40 次/min，刚出生时 40~50 次/min	呼吸频率高，气喘 咳嗽、打喷嚏

（五）保育仔猪伤病猪识别标准

刚断奶转栏时，要注意保育仔猪争斗情况，对受伤仔猪要及时转移和护理。日常注意观察仔猪的毛色、食欲、粪便、呼吸、运动情况，发现有腹泻、腹式呼吸、关节肿大、跛行、皮毛粗乱、极度消瘦、皮肤红点、眼角泪斑等情况，要及时进行诊断、治疗或淘汰处理（表5-6）。保育阶段还要注意观察猪群是否发育整齐，对体重相差太明显的仔猪要调栏，僵猪要集中另养、及时治疗。

表5-6　保育仔猪伤病猪识别标准

项目	正常猪	异常猪
采食饮水	正常采食和饮水	食欲废绝
体况	体况好 腹部正常，有一定弹性	体况差，清瘦，骨头凸出 腹部臌胀或干瘪
声音	正常的呼噜声 抢食的叫声	生病时的呻吟声 安静，没声音
气味	正常	腹泻气味
精神状态	机警，反应灵敏 对饲养员反应良好	精神不振，反应迟钝 不理睬或害怕饲养员
躺卧	合群 躺卧正常，舒展四肢	独处 蜷缩，颤抖
行走	行走正常 动作敏捷 平衡协调好	跛脚，僵直 行动慢或不能站立 失去平衡，不协调昂头，或低头
眼睛	干净，明亮	流泪，目光呆滞
吻突	湿润，但不流涕	流涕或出血
尾巴	卷尾	尾不卷，外伤
皮肤	完好无损 干净、粉红、有光泽 被毛有光泽、柔顺	粗糙、皱褶、受损 有粪污，苍白/红肿，结痂，黑色油垢块 被毛很长、粗乱
关节	大小正常	肿大
粪便	黑黄色、棕色 有一定黏度	有黏液、出血 腹泻或水样腹泻
体温	正常体温39.0~39.3 ℃	高于或低于正常体温
呼吸频率	30~40次/min	呼吸频率高或喘气 咳嗽或打喷嚏

（六）生长育肥猪伤病猪识别标准

育肥舍一般猪病比较少，但也不能疏忽大意。每天注意观察猪的食欲、粪便、呼吸、运动等情况，采食时注意有无离群的猪只，注意观察是否有咳嗽的猪只（表5-7）。

表5-7　生长育肥猪伤病猪识别标准

项目	正常猪	异常猪
采食饮水	正常采食和饮水	食欲废绝
体况	体况好 腹部正常大小、有弹性	体况差，骨骼凸出 腹部膨大或干瘪
声音	正常的呼噜声 抢食的叫声	生病时的呻吟声 安静，没声音
气味	正常	腹泻气味
精神状态	机警，反应敏捷 对饲养员反应正常	精神不振，反应迟钝 不理睬或害怕饲养员
躺卧	合群 躺卧正常，四肢舒展	独处 蜷缩，颤抖
行走	行走正常 动作敏捷 动作协调 抬头	跛脚，僵硬 动作迟缓或不能站立 失去平衡，动作不协调 低头
眼睛	明亮，干净	流泪，目光呆滞
吻突	湿润，不流涕	流涕，流血
尾巴	卷尾	垂尾，外伤，肿大
皮肤	完好无损 干净、红润、有光泽 被毛光亮、柔顺	粗糙、皱褶、受损 无光泽、苍白、无弹性 毛长
关节	大小正常，无受损	肿大，外伤
粪便	黑黄色、棕色 有一定黏度	有黏液、出血 腹泻
体温	正常体温38.8~39.0 ℃	高于或低于正常体温
呼吸频率	30~40次/min	呼吸频率高 咳嗽或打喷嚏

二、猪体温的测定

1. 材料准备

水银温度计、电子体温计、保定器、润滑剂（凡士林）、75%酒精。

2. 猪只保定

根据猪只生长阶段进行保定。哺乳仔猪和保育猪可抓仔猪的躯干并提起；种猪和生长育肥猪可关进限位栏中进行保定。

3. 体温测定

使用棉球蘸取75%酒精擦干净温度计。

把水银温度计向下甩几次，使温度在36 ℃或以下；电子体温计复位。

向上提起猪尾巴，把体温计沿着稍微偏向背部方向缓缓放入肛门5 cm。

不要强行将温度计插入直肠，可涂抹润滑剂。

保证水银温度计在直肠内持续5 min，取出读数。

听到电子体温计蜂鸣提示音（或温度停止上升），即可拔出体温计读数。

如果读数值得怀疑（或许猪只在移动），重新测量。

在测另一只猪体温之前要使用75%酒精将温度计进行消毒。

三、伤病猪的处理

（一）处理方式的判断

1. 判断伤病出现的范围

是个体的还是群体的，是群体内小范围还是大范围。

2. 判断伤病的严重程度

是轻微的还是严重的。根据体温和呼吸频率、能否走动、采食量和饮水量、精神状态、体表、受伤程度等判断。

3. 根据伤病的严重程度选择处理方式

根据是否影响群体内其他猪只，选择处理的方式，包括原栏内治疗、病猪栏内治疗、淘汰屠宰。

4. 如果判断是疾病

诊断病因并根据治疗原则给予合适的治疗；如不确定，交由兽医判断。

5. 如果在原栏内治疗

为了方便在治疗期间观察猪的状态，给猪打上耳牌或做标记。评估每天的治疗结果，决定继续治疗或采取另外的措施。

6. 如果在病猪栏内接受治疗

参考病猪栏管理程序进行。

7. 如果做淘汰处理

评估是否可作为商品猪屠宰。

检查用药记录和停药时间。

确定是否适合运输。

运输车辆上设置隔栏，铺上厚垫草。

立即安排运到最近的屠宰场屠宰，注意许可证的准备。

到达后立即安排屠宰。

（二）病猪栏管理程序

1. 病猪栏的准备

病猪栏应安排在隔离舍，远离猪群。

病猪栏饲养密度较小，每头猪提供30%的空间，每栏不能超过10头仔猪或3头母猪。

同栏猪只体重相近。

提供温暖、干燥、自由的环境，可提供垫料。

安装局部加热设备。

保证自由采食和饮水，保证饲料无发霉变质。

光线好，易于观察。

2. 人员和治疗记录

每个病猪栏指定一名工作人员负责。

所有的治疗和结果都要做详细的记录并保存。

3. 病猪栏管理

工作人员进入病猪栏，需更换专用工作服和工作鞋。

给新转入病猪栏的猪只做标记。

每天早晨评估栏内猪只情况，决定采取的处理方式，包括继续治疗、淘汰屠宰。

进入栏内，检查猪只能否站立、走动。帮助病猪或跛腿的猪站立，辅助采食和饮水。

根据最新评估结果进行治疗，并在药物治疗记录单上记录。

对采取措施无效的猪只，及时向兽医反馈。

每天下午再次评估栏内猪只情况，标出情况迅速恶化的猪只，对不可能恢复的猪只进行淘汰屠宰。

清理栏内积粪，更换垫草。

对死猪和垫草按照病死猪及胎衣处理流程处理。

检查栏内是否出现苍蝇和啮齿类动物，及时采取措施。

伤病猪全部转出后，根据空栏后洗消标准程序进行病猪栏洗消。

工作人员返回时，更衣换鞋。

（三）脓包刺破程序

1. 材料准备

75%酒精、棉球、纱布、手术刀片、刀柄、注射器、针头、麻醉剂、抗生素、生理盐水、消毒液、保定器、手套、记号笔等。

2. 猪只转出

将待处理猪只赶出栏外，赶到进行手术的地方。

3. 猪只保定

使用保定器保定，如必要可注射麻醉剂。

4. 操作人员彻底清洗双手

尤其要保证指甲干净，戴手套。

5. 脓包消毒

用酒精棉球洗净脓包周围。

6. 刺破脓包

轻轻按摩肿胀部位，确定最软的地方。

将注射器针头刺入脓包，吸出部分液体；如果液体是脓性液体，则继续后续操作。

沿脓包最低处用手术刀做一整齐的切口，另一个垂直切口，形成“T”形。

使用纱布挤出脓性液体。

另取新的注射器，吸满生理盐水，用生理盐水彻底清洗伤口。

给猪注射长效抗生素。

做好标记返回原栏，记下栏位，以便观察其康复情况。

清洗并消毒保定器和手术刀柄。

按照治疗用具及废弃物处理流程，处理用过的针头、注射器、刀片、手套、棉球和纱布。

清洗消毒手术地点。

（四）直肠脱出修复程序

1. 材料准备

75%酒精、棉球、纱布、手术刀片、刀柄、手术剪、镊子、缝合针、注射器、针头、麻醉剂、抗生素、生理盐水、消毒液、保定器、手套、记号笔等。

2. 猪只转出

将待处理猪只赶出栏外，赶到进行手术的地方。

3. 猪只保定

使用保定器保定，如必要可注射麻醉剂。

4. 操作人员彻底清洗双手

尤其要保证指甲干净，戴手套。

5. 症状较轻的猪只

直肠周围注射局部麻醉剂。

用温热的0.1%高锰酸钾水或温水加适当消毒药洗净脱出的肠管，再慢慢地送回腹腔。

提起猪的后腿，用绳子将猪的两后腿吊起，使猪的后驱离开地面。

经过30 min左右，直肠的不良刺激逐渐减轻，努责消失。将猪放下，隔离饲养。

6. 症状较重的猪只

直肠周围注射局部麻醉剂。

用温热的0.1%高锰酸钾水或温水加适当消毒药洗净脱出的肠管，再慢慢地送回腹腔。

进行荷包式缝合。

7. 给猪注射长效抗生素

做好标记返回原栏，记下栏位，以便观察其康复情况。

清洗并消毒保定器、手术刀柄、手术剪、镊子等。

按照治疗用具及废弃物处理流程处理用过的针头、注射器、刀片、手套、棉球和纱布。

清洗消毒手术地点。

（五）治疗用具及废弃物处理流程

（1）小心地将手术刀片从刀柄上取下，和其他用过的刀片放入同一储存容器中。

（2）将手术刀柄、手术剪、镊子、剪牙钳、耳缺钳等放入消毒液中浸泡，使用温水和清洁剂清洗，充分干燥。

（3）将所有用过的棉球、纱布、注射器、药品包装盒等做无害化处理。

（4）倒掉使用过的消毒液，清洗容器，干燥后备用。

（5）将未使用的药品放回储藏间正确存放。

第四节　猪群免疫管理流程

免疫接种是猪场生物安全体系中的一个重要环节，合理地选择和使用疫苗，对猪只有计划地进行免疫，可以提高猪只对某些疫病的特异抵抗力，减少疫病的发生。

一、常用疫苗的种类

常用疫苗主要用于防治猪瘟、猪蓝耳病、猪口蹄疫、猪丹毒、猪肺疫、仔猪副伤寒、猪伪狂犬病、猪细小病毒感染、猪大肠杆菌、猪链球菌、猪传染性胸膜肺炎、猪喘气病等。这些疫苗又可分为灭活疫苗、弱毒疫苗、单价疫苗、多价疫苗、联合疫苗、亚单位疫苗、基因工程疫苗等。

1. 弱毒疫苗

通过物理、化学或生物连续传代的方法将天然强毒株转化为弱毒株，从而降低其致病性，但仍保持良好的免疫原性，以这类弱毒株制备的疫苗。如猪瘟兔化弱毒疫苗及猪蓝耳病弱毒疫苗。其优点是更准确地模拟自然感染，接种少量的免疫剂量即可产生强的免疫力，免疫期长。

2. 灭活疫苗

将细菌或病毒利用物理的或化学的方法处理，使其丧失感染性或毒性，而保持免疫原性，接种动物后能产生主动免疫的一类生物制品。如猪口蹄疫 O 型灭活疫苗和猪气喘病灭活疫苗等。其优点是疫苗性质稳定，使用安全，易于保存与运输，便于制备多价苗或多联苗。

3. 基因工程疫苗

用基因工程技术将强毒株毒力相关基因切除后构建的活疫苗，如伪狂犬病基因缺失疫苗。其优点是安全性好，不易返祖；免疫原性好，产生强免疫力；免疫期长，尤其适于局部接种，诱导产生黏膜免疫力。

4. 多价疫苗

将同一种细菌或病毒的不同血清型混合而制成的疫苗，如猪链球菌病多价血清灭活疫苗和猪传染性胸膜肺炎多价血清灭活疫苗等。其优点是对多血清型的微生物所致疫病的动物可获得完全的保护力，而且适于不同地区使用。

5. 联合疫苗

由两种以上的细菌或病毒联合制成的疫苗，如猪丹毒、猪巴氏杆菌二联灭活疫苗和猪瘟、猪丹毒、猪巴氏杆菌三联活疫苗。其优点是接种动物后能产生对相应疾病的免疫保护，减少接种次数，使用方便，一针防多病。

二、免疫程序的制定

定期对猪群进行系统检查，观察猪群健康状况，做好检查记录。在坚持做好国家规定的重大疫病免疫工作之外，结合本地情况，合理制定适合本场的免疫程序。

1. 免疫监测

为保证免疫程序更合理、更科学，可将每年6月和12月定为调查测试时期，对猪群进行猪瘟、猪口蹄疫等疾病的抗体监测，通过实际的免疫效果来检验免疫程序，及时修正免疫程序，确保免疫程序最优化。在免疫监测采样时要考虑到不同猪的类型，确保监测的全面性，使得数据更有说服力。采集的样本按照猪群健康监测样品出场流程送至动保中心。

2. 当地疫病的发生状况

了解本地区猪场及附近一定区域内目前及过往疫情流行情况，区域流行的主要疫病血清型，对于常见病、多发病，如传染性特别强的猪瘟、口蹄疫、伪狂犬病等，应重点分析。有疫苗可以预防的应该着重安排，而对于本地从未发生过的疫病，即使有疫苗可以预防，也应当慎重使用。

3. 猪病流行病特点

根据疫情流行情况和季节性的气候变化等，调整完善免疫程序，使猪场能免于流行性疾病的侵害。如在口蹄疫集中暴发的季节，可先对猪群进行口蹄疫抗体的抽样检测，如果出现抗体不合格的情况，立即注射或者补注疫苗。

4. 疫苗质量与特点

在疫苗质量方面，主要是选择农业农村部批准生产的或者允许进口的拥有信誉好的疫苗供应商，在疫苗接种前进行试验对比，以分析判断疫苗的效果、质量稳定性、操作方便程度、价格等，合理选择，避免频繁更换。为了保证预期的免疫效果，应合理选择疫苗类型。对于同一种疫病，弱毒疫苗的免疫效力要好于灭活疫苗，且单苗要优于联苗，因此应合理选择猪瘟组织疫苗、二联疫苗以及细胞疫苗等。在同等免疫剂量下，免疫效力由低到高依次为组织疫苗、细胞疫苗、二联疫苗等。仔细阅读疫苗的使用说明书，了解疫苗特征，如病毒性腹泻疫苗，其主要针对猪传染性胃肠炎、猪流行性腹泻，需要对产前45 d或者15 d的母猪注射，才能取得良好的防疫效果。另外，不同疫苗之间、疫苗与其他疫病之间存在着相互干扰现象，所以不同疫苗接种时间需设定间隔期，以免相互干扰及免疫应激。

5. 免疫基础

各个猪场猪群间的免疫基础，即母猪的免疫状况决定了仔猪的母源抗体水平，母源抗体虽然在体内存在的时间较短，但在免疫中起着重要作用。最好选择在仔猪体内母源抗体既不会影响疫苗的免疫效果，又能抵御疾病感染的期间，进行首次免疫。如果在母源抗体效价尚高时接种疫苗，母源抗体会中和疫苗效果，仔猪不能产生主动免疫。

6. 猪场的饲养管理水平

生物安全管理制度严格、措施落实有力、饲养环境控制良好的养猪场，各种疫病入侵的机会相对减少，即属于相对安全猪场；相反，管理制度松散、防疫措施未能有效落实甚至是名存实亡、各种疫病常发，就属于多发病猪场。这两种不同类型猪场的免疫程序的制定和疫苗品种的选择是截然不同的。

三、疫苗保存与稀释

（1）运输疫苗时，应严格做好冷链的控制工作，强化管理力度。

（2）疫苗保存时，按说明书要求的温度保存，稀释液与疫苗应保存于同一温度下。

（3）灭活疫苗使用前应保证摇匀，充分混合佐剂与抗原。

（4）稀释冻干疫苗时，严格按照稀释倍数，稀释液温度应高于疫苗温度，稀释完的疫苗应及时接种。

（5）不同类型疫苗保存条件如下。

病毒性冻干疫苗：常在-15 ℃以下保存，一般保存期2年。

细菌性冻干疫苗：在-15 ℃保存时，一般保存期2年；在2~8 ℃保存时，保存期9个月。

油佐剂灭活疫苗：大多数病毒性灭活疫苗由油佐剂乳化而成，2~8 ℃保存，禁止冻结。

铝胶佐剂疫苗：大多数细菌性灭活疫苗以铝胶按一定比例混合而成，2~8 ℃保存，不宜冻结。

蜂胶佐剂灭活疫苗：以提纯的蜂胶为佐剂制成的灭活疫苗，2~8 ℃保存，不宜冻结，用前充分摇匀。

四、免疫接种过程

（一）免疫接种方法

肌内注射：肌肉内血管丰富，吸收药液较快，水剂、乳剂、油剂都可以肌内注射。

注射部位包括耳根后方的颈侧，臀部靠近髓骨（十字骨）的上方（图 5-5）。因猪皮下有较厚的脂肪层，而脂肪层内血管很少，如将药液注射在其内，很难被吸收。故进行肌内注射时，一定要根据猪的大小，选用合适长度的针头。

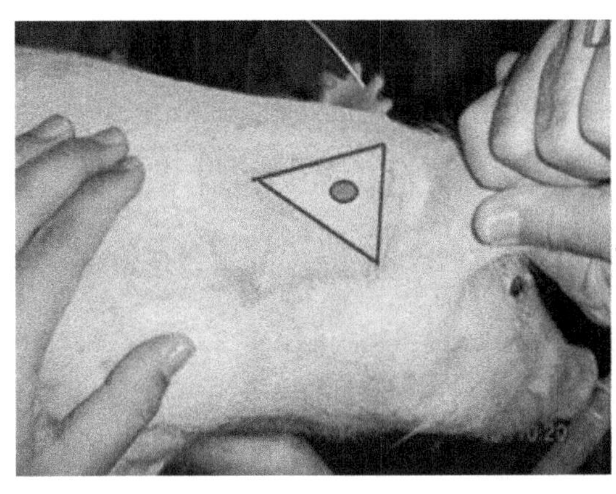

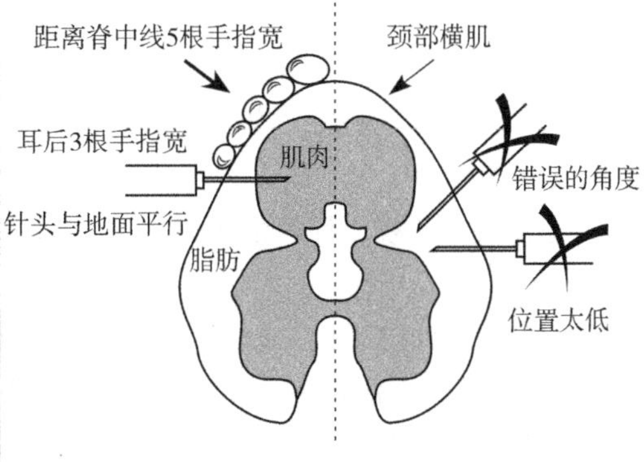

图 5-5　肌内注射

皮下注射：将药液注入皮下结缔组织内，经毛细血管、淋巴管吸收而进入血液循环，再送至各组织器官。注射部位选择耳根，用大拇指和食指挤压成褶皱，针头以斜面进入（图 5-6）。

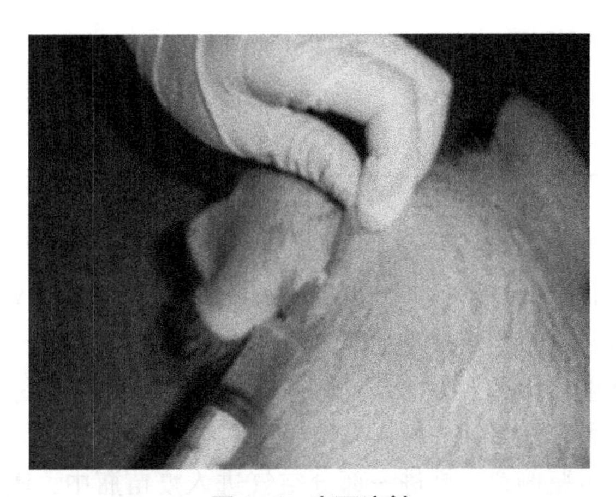

图 5-6　皮下注射

（二）免疫接种标准操作流程

1. 接种前准备

严格按照制订的免疫接种计划执行，同一日龄、同一批次猪只要同时免疫，严禁出现免疫不同步现象。

免疫接种前检查猪群健康，对不健康猪只及时治疗，治愈后补免。

疫苗免疫前后 3~4 d，禁用抗生素。

疫苗接种前 3 d、后 2 d，猪群饮水中添加抗应激药物（电解多维）。

工具准备：疫苗、疫苗箱、记号笔、注射器、抓猪器、针头、冰袋、温度计、止血钳、肾上腺素或地塞米松。

各单元配制专用的疫苗箱，禁止交叉使用，使用时内部放置冰袋，防止因为温度变化影响疫苗效价。

疫苗使用前要检查疫苗的质量，如颜色、包装、生产日期、批号，并记录领取疫苗的批号、数量、有效期等。如疫苗瓶有破损，禁止使用，做报废处理。

疫苗领取时，坚持“先进先出”原则，优先领取上次注射后剩余的疫苗或距离保质期较近的疫苗。

根据免疫头数，计算需要的疫苗总量，领取适量的疫苗，注意疫苗保存条件和保质期。

在免疫接种前 2 h，采用疫苗专用稀释液或生理盐水，按要求合理稀释疫苗。

根据猪群类别选择适当的注射器和针头，严禁使用损坏和钝的针头（表 5-8）。

工作人员免疫注射前彻底洗净双手。

表 5-8　不同类型猪群推荐针头型号

猪群类别	肌内注射		皮下注射	
	规格	长度（mm）	规格	长度（mm）
哺乳仔猪	7 号	13	7 号	13
保育仔猪	9 号	13	9 号	13
生长育肥猪	12 号/16 号	25/38	12 号	25
母猪和公猪	16 号	38	12 号	25

2. 接种操作过程

公猪/母猪接种时推荐在猪只饲喂时进行，其他猪只需进行保定。

按照使用说明进行疫苗回温、晃动。

如果使用连续注射器接种，提前调整好注射剂量，将疫苗瓶安装在合适位置。

如果用注射器接种，先将针头插入疫苗瓶瓶塞中；移动手柄，吸取空气，对准留在瓶塞上的针头，使疫苗瓶倒置，推进一部分空气进入疫苗瓶中，吸取一定数量的疫苗，排尽注射器中的空气。

快速地把疫苗注射入准确的位置；肌内注射：颈部耳朵旁边，针头与皮肤成 90°；皮下注射：耳根，用大拇指和食指挤压成褶皱，针头以斜面进入。

免疫接种剂量要准确，避免出现剂量不足造成免疫失败的现象。

对完成接种猪只做好标记。

哺乳仔猪一窝使用一个针头，保育仔猪一圈使用一个针头，生长育肥猪一只使用一个针头。

接种过程中，时刻观察完成接种猪只有无流血现象，如果有可以补注。

接种过程中严禁打飞针。

注射结束后，拔出疫苗瓶瓶塞上的针头。

注射器内的疫苗禁止打回疫苗瓶，避免污染整瓶疫苗。

疫苗接种结束 30 min 内，对猪群进行免疫应激的检查，及时处理出现疫苗应激的猪只。

未使用完的疫苗，可以保存再次使用的，用石蜡封口，立即放入冰箱保存。

所有操作完毕，清洗器械，按照治疗用具及废弃物处理流程处理空药瓶、注射器及针头。

做好免疫记录。

第六章　种公猪标准化养殖

第一节　公猪生殖生理特点

公猪的阴囊位于肛门之下，睾丸位于阴囊中，睾丸为家畜中绝对重量最大的，每天每克睾丸组织可产生精子 2 400 万~3 100万个。输精管没有明显的壶腹部，射精时精子持续不断由附睾尾收缩挤压直接进入尿生殖道。猪的副性腺比其他家畜发达，尤以精囊腺和尿道球腺最为发达。包皮腔长，且背侧有包皮憩室，常常聚集带异味的浓稠液体，是精液的重要污染源。阴茎为纤维弹性型，其游离端为钩状，“S”状弯曲位于阴囊前，包皮开口狭窄。

公猪射精量、精子密度大。种公猪一次射精量平均 250 mL，单位体积密度 2.5 亿个/毫升，总精子数达 600 亿个以上。公猪射精持续时间特长，可达 5~10 min，一次射精中有 2~3 次间隙。先后射出的精液组成不同：第一部分为含精子少的水样液体，主要来自尿道球腺，有清洗尿生殖道的作用，占整个射精量的 5%~10%；第二部分称为浓精部分，精子密度大，常呈乳白色，占整个射精量的 30%~50%；第三部分以后精子密度减少，占总射精量的 30%~40%，含有大量白色胶状凝块，在自然交配时起阻塞阴道口防止精液倒流的作用。公猪精液由精子和精清组成，精子占 2%~5%。化学成分主要是蛋白质，约占干物质的 75%。

第二节　种公猪饲养目标

饲养种公猪的目的是用来配种，获得品质优良的精液，以提高母猪受胎率，获得数量多、质量好的仔猪。在采用人工授精技术时，1 头种公猪每年可配母猪 600~1 000 头,共产仔 1 万~2 万头。随着人工授精技术的大力推广，专业种公猪站纷纷建立，饲养种公猪的数量越发减少，种公猪在生产中的重要性越发明显。

合格的种公猪标准是如下。

（1）性情温驯，易调教，不攻击其他母猪及配种人员。

（2）四肢健壮，无明显肢蹄疾病。

（3）体况适中，不偏瘦偏肥的种用体况。

（4）健康状况良好，无传染性疾病或生殖器官疾病。

（5）性欲旺盛，采精能力强，精液品质优良。

第三节　种公猪标准化养殖流程

一、种公猪舍日常操作流程

1. 巡栏

查看猪群整体情况，按公猪伤病猪识别标准巡栏。

2. 环境监测

检查环境控制系统运行情况并做相应调整，记录舍内温度、湿度和空气质量，每天早中晚各1次。公猪的适宜温度为15～20 ℃，当环境温度高于25 ℃时应注意防暑降温，当环境温度低于13 ℃时，应注意防寒保暖。冬季夜间公猪舍空气污浊，早晨用风机通风换气。

3. 精液采集

按精液采集标准操作进行。

4. 投料

按种公猪的饲养方案进行。

5. 饮水器检查

检查有无堵塞、缺损、漏水等，水压是否正常。

6. 伤病猪处理

及时处理巡栏发现的伤病猪，如有疑问，请教兽医。

7. 卫生管理

按舍内卫生管理流程清理栏舍卫生，更换消毒池、消毒桶内消毒液。

8. 后备猪调教

按后备公猪调教标准操作流程进行。

9. 疫苗注射

协助兽医进行免疫注射，注意观察免疫后的情况。

二、后备公猪调教

后备公猪的调教是进行人工采精的基础，使用恰当的方法可以提高后备公猪调教的成功率。

（1）后备公猪6~7月龄、体重在120 kg左右开始调教。不同品种的公猪性成熟时间不同，开展后备公猪调教的最佳时期也不同。夏季公猪性机能发育较慢，6.5月龄时可能性欲并不旺盛，可适当推迟调教时间。

（2）在调教前（适应期），工作人员需花时间管理公猪，并与之交流、建立感情。可刷拭后备公猪体表；在后备公猪活动时，应轻轻地触摸、拍打其身体；休息时，蹲伏在后备公猪旁边，与后备公猪进行目光交流。切忌粗暴对待后备公猪。

（3）每次调教时间不要超过 15 min。如果公猪不爬跨，就将其赶回栏内，第 2 天再进行调教。

（4）每头后备公猪进行调教的工作人员最好是同一人。

（5）每周调教次数以 2~3 次为宜。

（6）后备公猪调教标准操作流程如下。

用具准备：后备猪调教记录表、赶猪板、采精用具。

采精栏准备：确保采精栏清洁干燥，注意地面防滑，可铺设防滑垫。

人员准备：工作人员清洗双手，左手戴双层手套。

调整假台畜的高度，使假台畜稍低于公猪。

将调教成功的公猪的尿液或精液涂抹在假台畜后部，将公猪赶入采精栏，让公猪熟悉假台畜和采精栏。公猪很快去嗅闻、啃咬或用鼻子拱假台畜，然后爬跨假母猪。

如果公猪比较胆小，可将调教成功的公猪的尿液或精液涂抹在抹布上，让公猪嗅闻，并引导其逐渐靠近和爬跨假台畜，同时可轻敲假台畜以引起公猪的注意。

必要时可录制发情母猪求偶时的叫声在采精栏播放，刺激公猪的性欲。

如果公猪在 15 min 内不能爬跨假台畜，应将公猪赶回栏内。

每天重复调教 15 min，直到其能爬跨假台畜。

一旦公猪愿意爬跨，则可进行采精，并检查其包皮和阴茎是否正常。

初次采精后，应在第 2 天重复采精，间隔 3~5 d 采第 3 次，有利于公猪建立良好的条件反射。

在调教 1 个月内每周应采精 1 次，然后再进入正常采精阶段。

（7）调教不易的后备公猪，如果基本调教的方法不起效果，可先使用观摩法，即让其观察其他公猪爬跨，再让其爬跨。如果观摩法不起作用，可考虑注射激素。

三、精液采集

（一）种公猪合理利用

1. 初配年龄

现代化养猪主流品种一般是 7~8 月龄性成熟，6~7 月龄开始调教爬跨采精。种公猪初配应选在 9 月龄，体重 130 kg 以上。

2. 采精频率

正常的采精频率：12 月龄以内的青年公猪每天只可采精 1 次，每周最多 1~2 次；12 月龄以上的成年公猪每天可采精 1 次，每周最多 2~3 次。而 PIC 种猪改良国际集团（Pig Improvement Co.，Ltd.）则建议 12 月龄以内的公猪每周采精 1 次，12 月龄以上的公猪每 2 周采精 3 次。目前，我国管理较好的种公猪站每头种公猪每周平均采精次数为 1.1~1.2 次，年平均采精次数为 60~65 次；而对于场内种公猪站，多数年平均采精次数为 30~35 次。

3. 利用年限

种公猪的一般使用年限为2~3年，年淘汰更新率在1/3左右。目前，国内种公猪站为保证采精效率最大化，年淘汰更新率一般控制在70%左右，种公猪的使用年限为1.5~2年。

4. 采精安排

采精应在固定的时间进行，一般安排在早晨未饲喂空腹时，如已饲喂必须在喂1 h后方可进行。

（二）徒手采精法标准操作流程

1. 采精栏准备

采精前进行采精栏清洁卫生，并保证采精时，室内空气中没有悬浮的灰尘。

检查假台畜是否稳当，认真擦拭假台畜台面及后躯下部。

确保橡胶防滑垫放在假台畜后方，以保证公猪爬跨假台畜时，站立舒适。

2. 采精用品准备

采精前应配制好精液稀释液，将稀释液放在35 ℃水浴锅中预温。同时打开显微镜的恒温台，将控制器设置温度调至37 ℃，并在载物台上放置2张洁净的载玻片和盖玻片。

集精杯35 ℃烘箱内预热，将一次性采精袋装入集精杯内，袋口翻向集精杯外，再轻轻将集精杯盖盖上。

3. 公猪的准备

公猪体表的清洁，刷拭掉公猪体表尤其是下腹及侧腹的灰尘和污物。

经常修整公猪的阴毛，公猪的阴毛不能过长，一般以2 cm为宜。

4. 采精

打开公猪栏门，将公猪赶进待采区。

挤出包皮内的尿液，用纸巾将公猪包皮部位擦拭干净，脱去外层手套。

诱导公猪正确爬跨假台畜。

当公猪爬上假台畜后，伸出阴茎龟头来回抽动。右手抓住公猪阴茎的螺旋头处，并顺势拉出阴茎，稍微回缩，直至和公猪阴茎同时运动，左手拿采精杯；若用左手采精时，则要蹲在公猪的右侧，左手抓住阴茎，右手拿采精杯。

握住公猪的阴茎时，用拇指和食指抓住阴茎的螺旋体部分，其余3个手指予以配合，像挤牛奶一样随着阴茎的勃动而有节律地捏动，给予公猪刺激。

公猪一旦开始射精，手应立即停止捏动，而只是握住阴茎，射精完成后，应马上捏动，以刺激其再次射精。

将公猪射出的前面较稀的精清部分弃去不要，使用采精杯收集射出的乳白色浓精液。

最后射出的较为稀薄的部分、胶体弃去不要。

收集结束后，撕掉一次性集精袋上的过滤网，做好标记，盖好集精杯盖，通过气动传输管道运送至实验室进行精液品质检查。

5. 避免痛苦

不正确的采精方法会造成公猪巨大的痛苦，特别是用手握住公猪阴茎体部（非螺旋部分），公猪会非常痛苦而从假台畜上退下来；在采精过程中，如果握力不合适，会造成公猪的不舒适；采精过程中阴茎头脱手也会造成公猪痛苦；如果公猪爬跨上假台畜后，因不舒适而从假台畜上退下，之后短时间内上架较慢。

（三）自动化采精标准操作流程

种公猪站已广泛采用自动化采精系统，通过质地和表面仿照母猪子宫颈制造的橡胶垫与夹具配合，来诱使公猪射精而获得精液（图 6-1）。

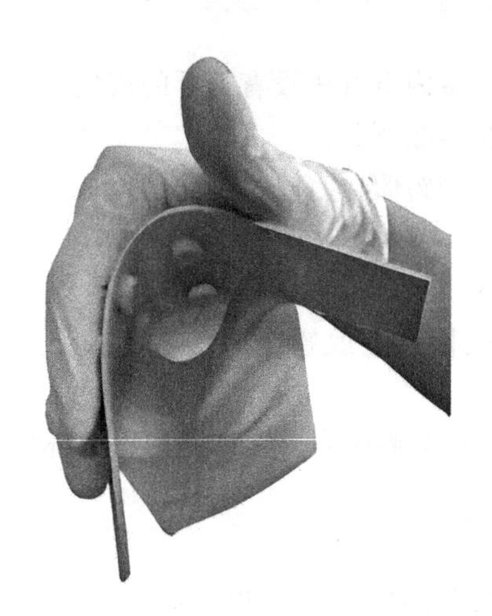

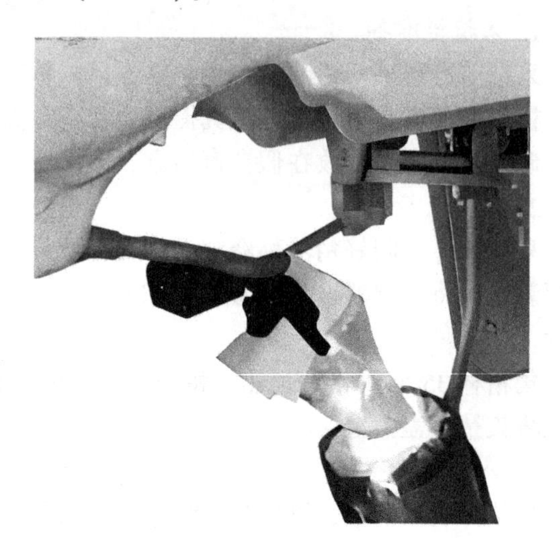

图 6-1　人工子宫颈法自动采精

1. 采精栏准备

采精前进行采精栏清洁卫生，并保证采精时，室内空气中没有悬浮的灰尘。

检查假台畜是否稳当，认真擦拭假台畜台面及后躯下部。

确保橡胶防滑垫放在假台畜后方，以保证公猪爬跨假台畜时，站立舒适。

2. 采精用品准备

采精前应配制好精液稀释液，将稀释液放在 35 ℃水浴锅中预温。同时打开显微镜的恒温台，将控制器设置温度调至 37 ℃，并在载物台上放置 2 张洁净的载玻片和盖玻片。

集精杯 35 ℃烘箱内预热，将一次性采精袋装入集精杯内，袋口翻向集精杯外，再轻轻将集精杯盖盖上。

3. 公猪的准备

公猪体表的清洁，刷拭掉公猪体表尤其是下腹及侧腹的灰尘和污物。

经常修整公猪的阴毛，公猪的阴毛不能过长，一般以 2 cm 为宜。

4. 采精

打开公猪栏门，将公猪赶进待采区。

挤出包皮内的尿液，用纸巾将公猪包皮部位擦拭干净，脱去外层手套。

诱导公猪正确爬跨假台畜。

将人工子宫颈贴在右手指后端，靠手掌处。

当公猪爬上假台畜后，伸出阴茎龟头来回抽动。

将阴茎螺旋头处套入人工子宫颈中并抓紧，抓紧后稍停留几十秒，等阴茎不抽动后，左手将假台畜下的滑道位置固定好，将右手握住的人工子宫颈前端夹入夹子中，左手将人工子宫颈前端拿住拉紧，之后将夹子上的金属夹片扳下来，将人工子宫颈夹紧。

人工子宫颈夹紧后，将人工子宫颈内的小袋子拉取出。

将人工子宫颈袋口下端的导流环放入采精杯中。

将采精杯固定在杯托上。

公猪阴茎松软，抽出，即采精结束。

将用过的人工子宫颈从夹片上取出并丢弃。

将采精杯从杯托上取下，拿至工作台，撕去过滤网，在集精袋子表面写上公猪的耳号、采精员姓名。通过气动传输管道运送至实验室进行精液品质检查。

四、精液处理

精液采集完成后，首先要进行精液品质的检查。精液检查合格后，尚需经过稀释、分装、保存和运输等过程，最后才能用于输精。

（一）精液品质检查

精液品质检查目的是鉴定精液品质的优劣，精液是否可以利用、精液稀释比例等。根据检查结果，可了解公猪的营养水平、生殖器官的健康状况、饲养管理和繁殖管理、采精技术水平和操作质量、保存和运输效果等。精液品质检查是常规性的，每次采精都要快速、准确地进行精液质量的鉴定。

检查精液的主要指标有精液量、颜色、气味、精子密度、精子活力、精子畸形率等。公猪精液品质检查等级见表6-1。

表6-1　公猪精液品质检查等级

等级	采精量（mL）		精子活力	精子密度（亿个/mL）	精子畸形率（%）	气味	颜色
	成年公猪	青年公猪					
优	>250		>0.8	>3.0	<5		
良	150~250	150~200	0.7~0.8	2.0~3.0	5~10	微腥味	乳白色或灰白色
合格	100~150		0.6~0.7	0.8~2.0	10~18		
不合格	<100	<100	<0.6	<0.8	>18	腥臭味	其他颜色

1. 精液量

后备公猪的射精量一般为150~200 mL；成年公猪的为200~300 mL，有的高达

700~800 mL。

2. 颜色

正常精液的颜色为乳白色或灰白色，精子的密度愈大，颜色愈白；愈小，则愈淡。如果精液颜色有异常，则说明精液不纯或公猪有生殖道病变，如呈绿色或黄绿色时则可能混有化脓性的物质；呈红色时则有新鲜血液；呈褐色或暗褐色时则有陈旧血液及组织细胞；呈淡黄色时则可能混有尿液等。颜色异常的精液，均应弃去不用，同时，对公猪进行对症处理、治疗。

3. 气味

正常的公猪精液有微腥味，这种腥味不同于鱼类的腥味，没有腐败恶臭的气味。有特殊臭味的精液一般混有尿液或其他异物。气味异常的精液，均应弃去不用，并检查采精时是否有失误，以便下次纠正做法。

4. 精子密度

指每毫升精液中含有的精子量，它是用来确定精液稀释倍数的重要依据。可采用精子密度仪、血细胞计数板来测量精子密度。

5. 精子活力

精子活力的高低关系到与配母猪受胎率和产仔数的高低。要进行人工授精的精子活力质量要求必须不低于70%，异常精子不超过20%。

6. 精子畸形率

畸形精子指断尾、断头、有原生质滴、头大的、双头的、双尾的、折尾等精子，一般不能直线运动，虽受精能力较差，但影响精子的密度。公猪的精子畸形率一般不能超过18%，否则应弃去。

（二）精液稀释

精液稀释不仅能增加精液的容量，还能使精液短期甚至较长期地保存起来，继续使用，便于长途运输，从而大大提高优秀公猪的覆盖范围。稀释液的成分一般包括葡萄糖、牛血清白蛋白、抗生素和缓冲体系，常用稀释液配方见表6-2。葡萄糖为精子供能，以减少精子自身能量消耗，以便延长精子寿命；牛血清白蛋白用来保护精子免受降温的不利影响；抗生素用于阻止细菌的生长；适宜的缓冲体系以保持精液的pH值及渗透压的基本稳定。人工授精的正常剂量一般为30亿~50亿个精子/1个剂量，体积为80~100 mL，美国一般采用30亿/80 mL头份，我国一般采用40亿/100 mL头份。稀释头份可按如下方法进行计算：若密度为2亿/mL，采精量为150 mL，并计划稀释后密度为40亿/100 mL头份，则此公猪精液可稀释150×2/40=7.5头份，即需加750-150=600 mL稀释液。

表6-2　稀释液配制

稀释剂成分	配比	作用
葡萄糖（g）	37	为精子提供营养
柠檬酸钠（g）	6	抗凝及调节pH值

（续表）

稀释剂成分	配比	作用
乙二胺四乙酸二钠（g）	1.25	抗凝，防止有害金属离子及化学基团对精子构成伤害
碳酸氢钠（g）	1.25	调节 pH 值
氯化钾（g）	0.75	调节渗透压
蒸馏水（mL）	1 000	增加精液量，防止温度变化剧烈
50 万单位庆大霉素（支）	2	抗菌

（三）精液分装

稀释后精液的分装有瓶装和袋装，装精液用的瓶子和袋子均为对精子无毒害的塑料制品。瓶装的精液分装时简单方便，易于操作，但输精时需人为挤压；袋装的精液分装一般需要专门的精液分装机，用机械分装、封口，输精时因其较软，一般不需人为挤压（图 6-2）。瓶装最高刻度一般为 100 mL，袋装一般为 80 mL。分装后的精液要粘贴标签，标识不同品种用不同的颜色，并且要标明公猪耳号、采精处理时间、稀释后密度、经手人等，同时也要记录备案。

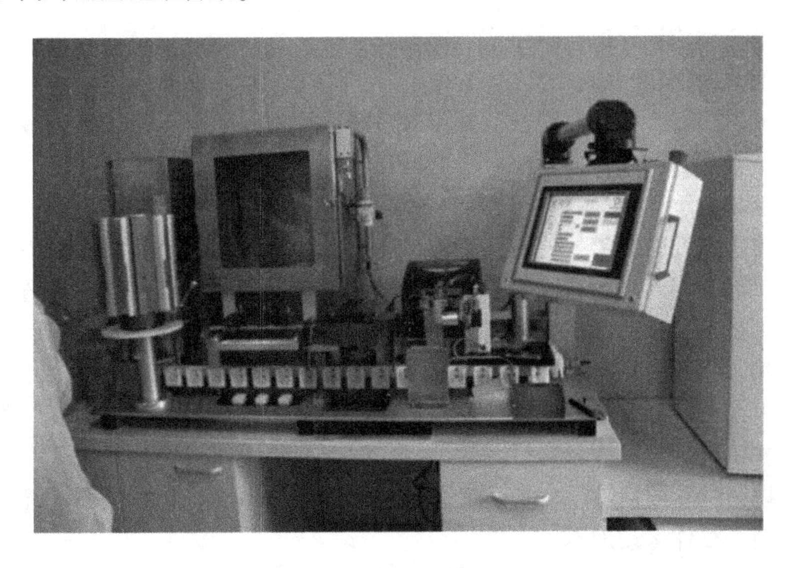

图 6-2　精液自动包装机

（四）精液保存与运输

猪精液目前大都采用常温液态保存，最佳温度为 17 ℃。精液保存时间的长短主要与稀释液的选择有关，稀释液选用主要根据 1 周内精液用量、运输、成本以及配种时间而定，短效稀释液可在采精后保存 3 d 内使用，5 d 以内建议使用中效稀释液，7 d 以上可用长效稀释液。同一种稀释液，精子密度越大，因所消耗能量多，保存时间也就越短。

对于远距离使用精液的猪场，运输过程是非常关键的环节，精确的温度控制十分重要。在炎热的夏天，一定要在双层泡沫保温箱中放入冰块至 17 ℃恒温，再放精液进行运输；在寒冷的冬天，要用保温用恒温乳胶或棉花等在保温箱内保温，有条件的可以考虑用电子恒温箱等专业设备来进行精准的温度控制。

（五）精液处理标准操作流程

1. 人员准备

进入洗澡间洗澡更衣，进入实验室后再清洗双手。

2. 用具准备

准备精液记录单、计算器、记号笔、天平、移液器、一次性枪头。

打开空气压缩机、精液自动灌装机、稀释剂加热罐、精液智能分配器、自动形态分析仪电源。

塑料量杯、一次性枪头放入 37 ℃恒温箱预热。

根据说明准备好稀释液，并将稀释液和处理精液所需的物品一起预热到 35~37 ℃。

载玻片、盖玻片、四腔玻片放置于 37 ℃恒温载物台预热。

3. 精液处理

精液通过气动传输管道运送至实验室。

检查精液的颜色、气味。

称重：天平归零，将装有精液的集精袋放于天平上，记录天平读数，减去空集精袋重量即为采精量（1g≈1mL）。

将集精液袋置于 37 ℃水浴锅内预热的塑料量杯，注意不与水直接接触。

精子活力及密度的测定：使用移液器取 90 μL 精液，用预热好的等温稀释液按1：9 的比例稀释，混合均匀，用移液器移取样品滴入预热后的四腔玻片内，放置在自动形态分析仪上，进行精子自动形态分析。四腔玻片上的 4 个视野分别进行分析，取平均值。精子活力≥70%即可使用。

稀释：根据自动形态分析仪精液密度结果，精液自动灌装机计算出稀释份数及稀释液需要量，并执行精液智能稀释。

复检：取稀释后的精液 10 μL，滴于普通载玻片上，盖上盖玻片，放置在自动形态分析仪观察精子整体运动形态。

灌装：精液自动灌装机根据传入数据对精液进行自动灌装、封口、贴标签，注意检查精液袋密封是否严密。

保存：灌装好的精液在常温下（20~22 ℃）放置 1 h，待降温到 24 ℃左右，放入 16~18 ℃精液冷却间使其缓慢降温 2 h 后，再放入 17 ℃恒温冰箱内保存。每天早上记录恒温冰箱内最高、最低温度和室温。

4. 精液运输包装

依据待运输精液的数量和气候综合选择合适的泡沫套箱及纸箱。

在内泡沫箱底部放入锡纸袋。

锡纸袋内先放入17 ℃水袋，将已分装好的精液袋放入，再在精液袋上面放入17 ℃水袋，锡纸袋用宽胶带密封。

将内泡沫箱密封。

在外泡沫箱底部放入垫料，根据气候将不同温度、不同数量的热袋或冰袋放在垫料上。

把内泡沫箱放入外泡沫箱内，外泡沫箱密封。

将泡沫箱放入纸箱中，纸箱密封。

纸箱外表贴上精液交接表及易碎标志，在精液交接表上填入发送时间等信息。

精液包装完毕，开始运输。

五、精液采集与处理智能化管理

1. 自动采精提醒

精液采集周期随着日龄和疾病的改变会发生变化，智能化养猪实现自动采精排班，将不同日龄、是否疾病、是否问题猪等根据养殖标准进行自动研判，根据分析计算结果对公猪进行自动采精排班。养殖人员使用手持终端可以一目了然了解到今日需要采精的猪只基础信息和栏位信息，能有效降低重复采精、疾病猪采精、问题猪采精所带来的采集精液质量的下降和生产力浪费。

2. 问题猪管理

部分猪非疾病或非显性疾病，精液采集化验后质量不达标或质量较差，智能化养猪平台根据长期的精液化验结果进行跟踪分析，自动研判问题猪，将精液质量较差的问题猪筛选预警后进行进一步处理，最大限度降低不良精液带来的影响。

3. 精液袋打码

扫描公猪耳标完成精液采集后，自动打印公猪信息条码/二维码至精液袋，防止手写错误或难辨认导致的精液信息错误。

4. 智能化分析

通过猪基础体征、生产性能等数据，综合分析公猪的个体排名，通过个体排名建立落后淘汰机制，实现多维度的综合淘汰体制。

第七章　后备母猪标准化养殖

第一节　后备母猪培育目标

现代规模化猪场比较理想的母猪淘汰率在30%~40%。后备母猪作为猪场正常运行的后备资源，后备培育期合理的饲养管理对其生产潜能的发挥，甚至对其终生生产性能的表现都起着至关重要的作用。因此，需规范后备母猪培育期的饲养管理。

合格的后备母猪标准如下。

（1）确保3~3.5分的合理膘情使之正常发情、排卵。

（2）确保后备母猪利用率和入群后28 d内发情配种率达到90%以上，配种成功率达到90%。

（3）头胎窝产活仔数10.5头以上。

（4）终身生产性能达到产活仔70头以上。

（5）年平均非必需生产天数少于30 d。

第二节　后备母猪标准化养殖操作流程

合适的引种计划能够保证基础母猪更新率，完成配种计划，维持猪群生产力。

一、引种计划的制订

1. 引种数量

后备母猪每次引入数=基础母猪数×合理的年更新率/后备母猪利用率/年引种次数

（7.1）

合理的年引种次数需根据隔离舍容量确定。

2. 日龄分布

正常情况下，每批引种需有2~3个日龄阶段，既有进入母猪场适应1个发情期就达到初配日龄，又有间隔2~3个发情期才能达到初配日龄，以保证后备猪达到初配日龄标准时能够参与配种。

3. 引种体重

引种时的体重需要与日龄相匹配。初配体重较早到达135 kg的后备猪，初配更早，因此能降低后备母猪阶段成本，且整个生产周期的生产性能更好。但也应避免极端情况出现，若低于175日龄，体重已经大于130 kg的后备猪，容易出现肢蹄疾病问题；超过240日龄，体重仍达不到130 kg的后备猪，会缩短其使用年限。

4. 引种日期

需要将被引种场的生产计划、隔离舍的隔离计划以及后备母猪接收场区的生产计划结合起来，避免在同一时间段多场同时引种。

二、后备母猪引进标准操作流程

（一）后备母猪进场

1. 外源性引种进场标准操作流程

将购进种猪电子档案导入智慧养猪管理平台。

种猪运输车及相关工作人员按生物安全管控标准流程进行洗消，到达种猪场装售猪缓冲存放间装卸猪平台。

使用消毒液喷洒购进种猪体表，赶入缓冲存放间。

查验购进种猪是否存在疾病、外伤情况，若存在及时反馈销售方协商处理。

购进种猪打新电子耳标，查验已有耳标号并录入手持终端，扫描电子耳标，将平台已有电子档案与新电子耳号对应。

将购进种猪赶入隔离舍栏位，进栏前扫描电子耳标及栏位标签，完成购进种猪所在栏位记录，完成进猪。

2. 系统内引种进场标准操作流程

引进方通过智慧养猪管理平台下单引进种猪。

销售方种猪出场前扫描电子耳标完成销售发货。

种猪运输车及相关工作人员按生物安全管控标准流程进行洗消，到达种猪场装售猪缓冲存放间装卸猪平台。

使用消毒液喷洒购进种猪体表，赶入缓冲存放间。

查验购进种猪是否存在疾病、外伤情况，若存在及时反馈销售方协商处理。

扫描购进种猪电子耳标，将猪赶入隔离舍栏位，进栏前扫描电子耳标及栏位标签，完成猪所在栏位记录，完成进猪。

（二）后备母猪隔离

为了保证猪场原有猪群的安全，将新引进的后备母猪在远离原有猪群的单独圈舍进行饲养，直至被确定没有携带疾病。

1. 隔离舍准备

采取全进全出方式，舍内所有的工具、设备、设施进行清洁，用合格的消毒剂彻底消毒，空舍干燥合格后方可使用。

2. 隔离时间

外源性引种隔离期45 d，系统内引种隔离期28 d，特殊情况下经农场责任兽医签字、地区总兽医师签字核准，可缩短为 14 d。

3. 后备母猪隔离舍日常操作流程

洗澡更衣：工作人员进入隔离舍时洗澡更衣，穿隔离舍专用工作服和工作鞋。

巡栏：查看猪群整体情况，按后备母猪伤病猪识别标准巡栏。

环境监测：检查环境控制系统运行情况并做相应调整，记录隔离舍温度、湿度和空气质量，每天早中晚各进行 1 次。

投料：按后备母猪的饲养方案进行。

饮水器检查：检查有无堵塞、缺损、漏水等，水压是否正常。

疫苗注射：协助兽医进行免疫注射，注意观察免疫后的情况。

伤病猪处理：及时处理巡栏发现的伤病猪，如有疑问，请教兽医。

卫生管理：按舍内卫生管理流程清理栏舍卫生，更换消毒池、消毒桶内消毒液。

4. 健康监测

分别于隔离第 1 天及 2 周后采集血样，进行主要疾病的抗原抗体检测。检测结果合格后，转入后备母猪混养舍。

（三）后备母猪驯化

后备母猪驯化是将引入的后备母猪暴露在现有猪群的病原微生物中，并给予充足的时间让其获得和建立免疫力的过程。

1. 混养舍准备

采取全进全出方式，舍内所有的工具、设备、设施进行清洁，用合格的消毒剂彻底消毒，空舍干燥合适后方可使用。

2. 驯化方法

通常使用混养、返饲、免疫接种结合的方式。

3. 驯化时间

后备母猪 140 日龄开始进行，持续 4 周时间。

4. 混养

从现有猪群中挑选胎次为 1~2 胎的淘汰母猪，以 1：（5~10）的比例放在后备母猪大栏邻近的栏内，允许猪只间鼻对鼻的接触，每隔 1 周更换一批淘汰母猪，持续 4 周。

5. 返饲

收集现有猪群健康母猪新鲜粪便，投在栏面上或将饲料放在粪便上，每周进行 3 次，至少持续 3 周左右时间。

6. 免疫接种

后备母猪常用的疫苗有猪细小病毒感染疫苗、猪乙型脑炎疫苗、猪瘟疫苗、猪伪狂犬病疫苗和猪蓝耳病疫苗，还有猪腹泻疫苗和口蹄疫疫苗等。严格按照疫苗接种程序执行（表 7-1），尤其需安排与隔离舍周序接种衔接。配种前 40 d 时进行驱虫，体内驱虫使用阿苯达唑伊维菌素粉（阿苯达唑：伊维菌素＝50：1），用量为 1~2 g/kg 拌料；体外驱虫使用 0.025%~0.05%双甲脒溶液喷淋的方法，7 d 为一个周期，可覆盖大多数寄生虫的生活史。免疫接种后按舍一键录入智慧养猪管理平台。

表 7-1　后备母猪群配种前参考免疫程序

免疫疾病	接种日龄	免疫方式	免疫剂量（mL）
猪瘟	配种前 15 d	耳后肌内注射	2
猪细小病毒感染	配种前 25 d	耳后肌内注射	2
猪乙型脑炎	配种前 33 d	耳后肌内注射	1
猪繁殖与呼吸综合征	配种前 40 d	耳后肌内注射	2
猪口蹄疫	配种前 48 d	耳后肌内注射	2
猪伪狂犬病	配种前 55 d	耳后肌内注射	2
猪气喘病	配种前 65 d	耳后肌内注射	2

7. 后备母猪混养舍日常操作流程

洗澡更衣：工作人员进入隔离舍时洗澡更衣，穿隔离舍专用工作服和工作鞋。

巡栏：查看猪群整体情况，按后备母猪伤病猪识别标准巡栏。

环境监测：检查环境控制系统运行情况并做相应调整，记录混养舍温度、湿度和空气质量，每天早中晚各进行 1 次。光照能对后备母猪的发情产生影响，无论自然光照还是灯光，都应保证 100 lx 以上的光照强度。

投料：按后备母猪的饲养方案进行。

饮水器检查：检查有无堵塞、缺损、漏水等，水压是否正常。

体况评分：按体况评分标准操作流程进行，每周 1 次。

诱情：后备母猪 145 日龄后，按后备母猪诱情标准操作流程进行。

疫苗注射：协助兽医进行免疫注射，注意观察免疫后的情况。

发情不配种管理：按发情不配种管理标准操作流程进行。

伤病猪处理：及时处理巡栏发现的伤病猪，如有疑问，请教兽医。

卫生管理：按舍内卫生管理流程清理栏舍卫生，更换消毒池、消毒桶内消毒液。

（四）体况评分

1. 目测评分法

是一种比较粗略的从视觉上对母猪体型进行快速区分的方法，由经验丰富的技术人员通过肉眼观察并结合按压母猪背部、臀部、肋骨等部位综合确定体况的评分。采用 5 分制评分标准：1 分体况，眼观生猪臀尖，无须施压肉眼可见肋骨、髂骨及脊柱，偏瘦；2 分体况，后视母猪臀窄而不尖，肉眼观察或施以轻压都可以感受到肋骨、髂骨及脊柱，中度瘦；3 分体况，后视臀部呈椭圆形，须通过重压才可感受到肋骨、髂骨及脊柱，肉眼无法看到，此时母猪体况被视为理想体况；4 分体况，后视臀部呈宽椭圆形或基本圆形，施重压感受不到肋骨、髂骨及脊柱；5 分体况，后视臀部呈圆形，施重压感受不到肋骨、髂骨及脊柱。实际生产中，通常在 5 分制的基础上改进，在整数中加入 0. 25 分。具体操作流程如下。

（1）工作人员用手掌按压感受一下母猪的肋骨、脊柱和腰角。

（2）对照体况评分标准及手掌按压感受初步评估母猪体况。不能感受到骨头为偏肥（4~5分），用力压时才能感受到骨头为适中（3分），容易感受到骨头为偏瘦（1~2分）。

（3）站在母猪后面，从后向前用视觉观察评估母猪肋骨、脊柱、腰角的显露程度和肌肉、脂肪的覆盖程度，参照表7-2给予最后评分。

表7-2 评分标准

评分	脊椎	尾根部突起	髋骨	前肩
2.5分	整条脊椎凸出，明显可见	尾根部突起呈“山”字形	肉眼可见髋骨结节，非常明显	肩胛骨明显突起
2.75分	脊椎部分凸出，肉眼可见	尾根部轻微突起，手部按压尾根两侧松软	髋骨结节可触摸到（皮包骨），容易辨认	可见肩胛骨突起
3.0分	无脊椎突起，用手可摸到	无尾根部突起，尾部平坦光滑	无髋骨结节突起，轻轻按能感受到	肩部自然，无明显突起
3.25分	无脊椎突起，用手难摸到	尾根部平坦，光滑	无髋骨结节突起，用力按能感受到	肩部平坦，宽
3.5分	无脊椎突起，用手难摸到	尾根部平坦，光滑	用力按髋骨结节也难以感受到	肩部平坦，宽

2. 背膘评定法

使用背膘测定仪测定母猪P2点背膘厚度（图7-1），即母猪最后一根肋骨处距背中线6.5 cm处的背膘厚度。背膘评分标准见表7-3。

表7-3 背膘评分标准

体况评分	背膘值（mm）	体况评价
1分	<10	过瘦
2分	11~15	偏瘦
3分	16~22	标准
4分	23~28	肥
5分	>28	过肥

3. 体况卡尺法

利用一种体况卡尺实现对母猪背部棘突到横突的棱角进行量化测量，其原理是随着母猪体重的减轻、脂肪和肌肉的减少，其背部会变得更加棱角分明。使用时先定位到最后一节肋骨，并用手摸至脊椎骨，将卡尺放到脊椎骨上，轻轻地旋转卡尺把手向下，直到卡尺尖刚刚触碰皮肤，读取卡尺（图7-2）。判定标准十分简单，绿色区域为母猪过瘦（背膘厚<15 mm），红色区域为理想体况（背膘厚15~19 mm），黄色区域为母猪过肥（背膘厚>19 mm）。

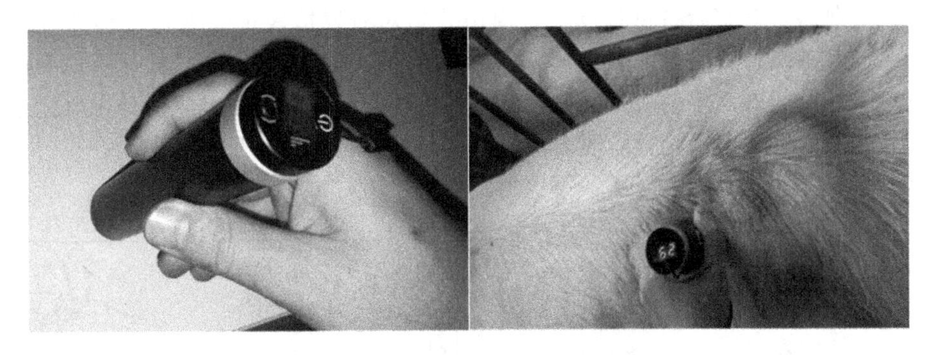

图 7-1　使用背膘测定仪评估母猪体况

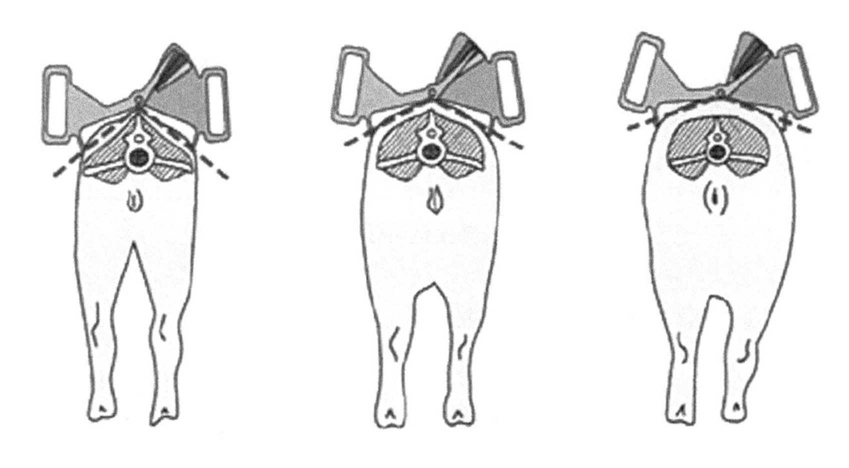

图 7-2　使用母猪体况卡尺评估母猪体况

（五）后备母猪诱情

（1）开展诱情工作的目标是，在诱情后，3 周有 70%以上后备母猪初情启动；6 周有 90%以上后备母猪初情启动。

（2）后备母猪 145 日龄之前不需要与公猪进行接触，过早接触公猪后备母猪不仅无反应，更可能会导致惊吓，不利于后备母猪的生长发育。

（3）后备母猪 145 日龄开始接受公猪隔栏接触，使其适应公猪气味。

（4）后备母猪 165 日龄开始，赶至诱情栏进行规范化的公猪直接接触诱情（图 7-3）。公猪直接接触诱情标准操作流程如下。

①工具准备：赶猪板、计时器、体重速测尺。

②环境控制：保证合理通风，防止氨气浓度过高影响公猪外激素的刺激效果。

③公猪准备：挑选 10 月龄以上、性欲好、气味大、泡沫多的公猪，诱情公猪需要进行轮换，每头公猪的工作时间不能超过 45 min。诱情公猪定期释放性欲。

④公猪接触：驱赶诱情公猪进入诱情区，进行鼻对鼻接触刺激，允许其爬跨后备母猪。

⑤人工刺激：观察后备母猪反应，模仿公猪对有发情表现的母猪敏感部位进行刺激，用手或膝盖对母猪腹部两侧进行震动，提拉腹股沟，刺激阴部，按压背部两侧。

⑥标记记录：对照发情表现确认后备母猪首次发情，标记发情时间并做好记录。

⑦发情不配种管理：在此阶段发情的后备母猪执行发情不配种管理。

⑧诱情工作每天不少于 2 次，每次每头不少于 1 min。

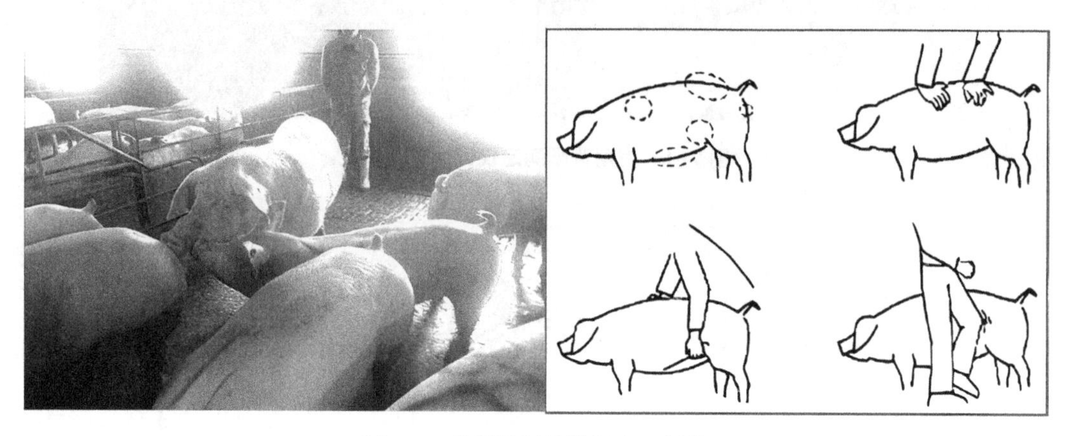

图 7-3　公猪接触诱情及人工刺激

（六）后备母猪发情不配种管理

后备母猪达到性成熟和体成熟的月龄不同。在后备母猪达到初情期时，已经初步达到性成熟，但还没达到体成熟，身体的多数器官功能不完整，卵巢虽然能排卵，但卵子多数是幼稚型，受精能力差。如果此时配种，受胎率低，产子数少，难产率高，母猪的利用年限缩短，因此，后备母猪首次发情不配种。

（1）初配时期：后备母猪适宜在 210～240 日龄，体重 135～145 kg，背膘厚 15～20 mm，第二或第三发情期开始配种。

（2）根据后备母猪体重决定是否配种。

若本次发情体重≥135 kg，立即配种。

若预计下次发情体重≥135 kg，转到后备配种舍限位栏，准备下次发情时配种。

若预计下次发情时体重<135 kg，继续发情不配种管理或淘汰。

（3）根据体重速测尺决定是否配种。具体标准操作流程如图 7-4 所示。

①测量者跨坐在正处于发情静立的后备母猪背上，将体重速测尺环绕过后备母猪前胸部，即可读数判断是否配种。

②当后备母猪第一次出现发情静立，读数在速测尺红色区域时，表明其体重明显过低，应该被淘汰。

③测量值在黄色区域时，表明其体重偏低，此次发情不配种，下次发情时再次测量。

④测量值在浅绿色区域时，表明其体重达到了理想的“发情不配种”（HNS）标准，此次发情不配种，转到后备配种舍限位栏，准备下次发情时配种。

⑤测量值在深绿色区域时，表明其体重已经达到理想的配种标准，应该配种。

⑥测量值在紫色区域时，表明其体重超重，马上配种。调整后备母猪的诱情程序，确保后备母猪发情时不超重。

刻度范围（cm）	建议操作
94～102.5	淘汰
>102.5～111.1	不配，下次发情再次测量
>111.1～117.6	下次配种
>117.6～124	可以配种
>124～132.5	马上配种，请提前后备母猪的诱情时间，建议165日龄开始

图 7-4　体重速测尺刻度说明

（七）待配后备母猪转群

1. 定位栏准备

彻底冲洗、消毒、干燥。

2. 工具准备

赶猪板、合格后备母猪的清单、配种记录卡。

3. 待转猪准备

按照合格后备母猪的清单，选出待配后备母猪，做好标记。

4. 人员准备

需要工作人员 2 名。

5. 转群流程

设置转运猪只所需的门和通道。

确保所有过道无障碍物。

把后备母猪从栏里放出。

工作人员 A 用赶猪板把做好标记的待配后备母猪赶到栏门。

工作人员 B 打开栏门，工作人员 A 把待配后备母猪赶到通道内。

重复以上操作直到放出 10 头待配后备母猪。

依照猪只驱赶标准流程把待配后备母猪赶到后备配种舍限位栏内。
记录后备母猪相关信息。
根据后备母猪饲喂方案调节栏内进料器。

（八）乏情后备母猪处理及淘汰

（1）后备母猪 180 日龄时仍不发情，进行混群刺激。
（2）超过 188 日龄仍未出现第一发情期，肌内注射氯前列醇钠+PG600。
（3）通过以上方法仍未发情的后备母猪，应及时予以淘汰。
（4）后备母猪淘汰原则如下。
①超过 260 日龄仍未发情。
②注射过 2 次 PG600 后仍未发情。
③因生殖系统疾病治疗不愈而造成仍未发情。
④有腿部问题及其他方面问题。
（5）具体操作流程如下。
①将乏情后备母猪从栏里赶出，最多赶出 10 头母猪。
②赶到新的栏里，进行混养。
③每天从栏内赶出，沿过道走动 1 h。
④继续进行公猪直接接触诱情，每天 2 次，每次 15~20 min，直到发情。
⑤如果发情，则执行后备母猪发情不配种管理。
⑥如果超过 188 日龄仍未出现第一发情期，肌内注射氯前列醇钠+PG600。
⑦继续进行公猪直接接触诱情，每天 2 次，每次 15~20 min，直到发情。
⑧如果发情，则执行后备母猪发情不配种管理。
⑨如果注射氯前列醇钠+PG600 2 周不发情，根据治疗原则进行生殖系统疾病治疗。
⑩继续进行公猪直接接触诱情，每天 2 次，每次 15~20 min，直到发情。
⑪如果发情，则执行后备母猪发情不配种管理。
⑫如果仍不发情，则执行淘汰管理。

第八章　标准化配种生产

第一节　发情行为和发情鉴定

一、发情周期与排卵

发情周期是指母猪从上次发情开始到下次发情开始的时间。初情期后，母猪若未配种则会表现出周期性的发情，正常的发情周期为20~22 d，平均为21 d。一个发情周期分为发情前期、发情期、发情后期和间情期（休情期），共4期。在发情周期中，发情持续期（发情前期、发情期和发情后期）时间为3~5 d，在此期间母猪表现出各种发情症状，其精神、食欲、行为和外生殖器官均出现变化，这些变化表现出由浅到深再到浅直至消退的过程。在发情持续期中，发情期是高潮阶段，母猪接受公猪的爬跨和交配，也是母猪排卵的持续期。

在正常发情周期中一个卵子排出要经历下列过程：募集、选择、优势化、周转或排卵。猪的卵泡募集发生在发情周期的第14~16天或断奶后不久，而选择发生在第16~20天。在第16天，在2个卵巢中各有40~50个直径2~6 mm的有腔卵泡。这些卵泡大部分经闭锁过程退化并从卵巢上消失，只有10~25个被选择发育成熟排卵。排卵发生在出现发情症状后的36~40 h，从第1枚卵子排出到所有卵子排完一般需要2~7 h，平均为4 h。

二、发情表现

母猪发情的外部特征主要表现在行为和阴部的变化上，一个发情周期的发情表现见表8-1。

发情前期：发情开始时，母猪表现不安，食欲减退，外阴红肿，流出黏液，这时不接受公猪爬跨。

发情期：随着时间的延续，食欲显著下降甚至不吃，圈内走动，时起时卧，爬墙、拱地、跳栏，允许公猪接近和爬跨。用手按其臀部，静立不动（静立反射或压背反射）。几头母猪同栏时，发情母猪爬跨其他母猪。阴唇黏膜呈紫红色，黏液多而浓。发情鉴定时主要依据母猪是否出现静立不动，其他的发情表现为辅助性依据。

发情后期：此时母猪变得安静，喜欢躺卧，外阴肿胀减退，拒绝公猪爬跨，食欲逐渐恢复正常。

休情期：母猪没有性欲要求，精神状态已完全恢复正常。

表 8-1　母猪发情表现

表现	发情前期	发情期	发情后期	休情期
起止	出现征兆—接受爬跨	接受爬跨—拒绝爬跨	拒绝爬跨—征兆消退	征兆消退—再次出现
持续时间	2.7 d（1~7 d）	2.4 d（2~3 d）	1.8 d（1~4.8 d）	14 d
行为	食欲减退，精神不安，爬跨同伴，对公猪产生兴趣，但拒绝爬跨	食欲极低或不吃，起卧不安，鸣叫跑圈，排尿频繁，爬跨同伴，允许公猪爬跨，按压腰部静立不动（静立反射）	由允许公猪配种过渡到拒绝爬跨，食欲逐渐恢复	安静
外阴肿胀	开始肿胀—肿胀厉害	肿胀厉害—肿胀略消	逐渐消肿，微皱	正常
外阴颜色	浓桃红色	赤红色—紫色	紫色—褪色	正常
黏液	水样乳白色	水样乳白色—黏稠乳白色—糊状乳白色	糊状乳白色—消失	正常

三、发情鉴定标准操作流程

母猪发情鉴定（查情）是养殖环节必须掌握的基本技术，通过发情鉴定可以判断母猪发情所处的阶段和程度，有助于预测排卵时间，以便适时配种或输精，提高受胎率和繁殖力，提升经济效益。具体操作流程如下。

（一）用具准备

准备记号笔、赶猪板、公猪车（如果使用的话）。

（二）公猪准备

（1）挑选 12 月龄以上、性欲旺盛、体格健壮的公猪作为查情公猪。

（2）查情公猪按照 1∶250 进行配置，每次查情时交替使用，每次使用时间不超过 1 h。

（3）查情使用的公猪与配种时刺激母猪的公猪分开使用。

（4）出现暴力和危险倾向的公猪应立即淘汰。

（三）环境控制

饲料会分散查情公猪的注意力，在查情前应清扫过道。

（四）人员准备

（1）查情需要工作人员 2~3 名，一名控制查情公猪，其余工作人员负责查情。

（2）工作人员要求有经验，能掌握母猪发情表现。

（五）查情顺序

断奶—空怀母猪、后备母猪、问题母猪和返情母猪。

（六）查情流程

（1）控制查情公猪的工作人员 A：将查情公猪赶到查情区域。使用赶猪板控制查情公猪速度，缓慢前进，按每 4 头待查母猪为一组，使其停于待查母猪面前进行刺激。使公猪气味能够刺激到母猪，并有机会进行鼻对鼻的接触。

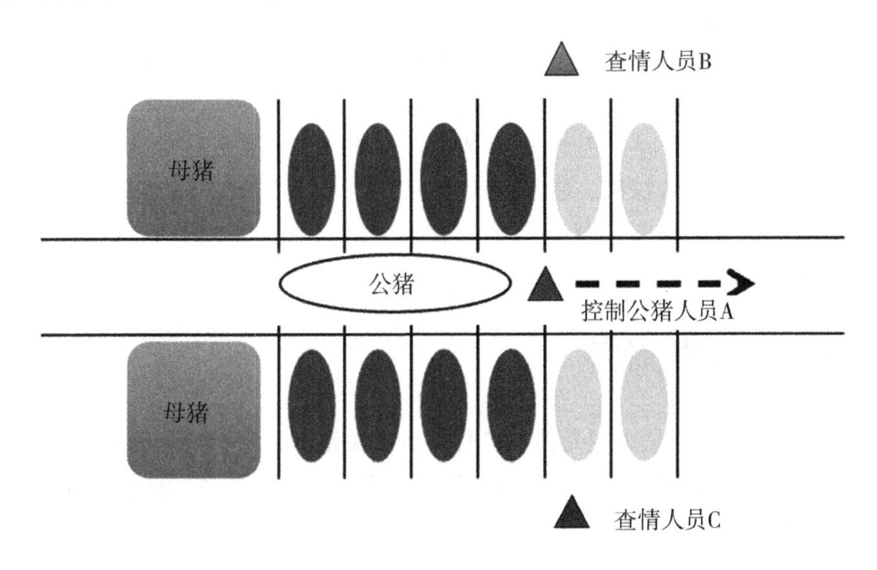

图 8-1　查情流程

（2）控制查情公猪的工作人员 B（C）：模仿公猪对母猪敏感部位进行刺激 30～60 s，提拉腹股沟，刺激乳房，按压背部两侧，查看母猪是否表现出静立不动。如果母猪表现出静立不动，则细心检查外阴及分泌物，特别注意是否有恶露。标记发情母猪和问题母猪。每头母猪重复 1 遍上述的程序。

（3）查情区域内每 4 头母猪为一组，重复执行步骤（1）（2）。查下一组母猪时，需回看上一组母猪，是否有静立现象（图 8-1）。

（4）检查确认为发情的母猪如果符合配种制度，转入配种区执行人工授精程序。

四、发情行为智能化管控

通过智慧养猪管理平台配置查情、发情、淘汰标准，系统可在猪只进入相应生长节点时自动向养殖人员的手持终端发送提醒和预警信息。

查情提醒：智慧养猪管理平台云端查情算法根据猪只生长周期以及状态数据可以分析母猪的发情指数，并将需要及时查情的猪只信息推送到养殖人员手持终端中。

发情提醒：智慧养猪管理平台云端发情算法根据母猪的生长周期、发情指数以及查情记录对猪只是否发情进行预测，并将预测信息推送到养殖人员手持终端中。

配种提醒：智慧养猪管理平台云端配种算法根据母猪的生长周期、查情记录、发情情况对猪只是否需要配种进行预测，并将预测信息推送到养殖人员手持终端中。

淘汰预警：智慧养猪管理平台可配置种猪淘汰标准，如“大于多少天仍未发情，建议淘汰”“连续多少次返情，建议淘汰”。云端实时监测猪只状态，对达到淘汰标准的猪只信息进行汇总，并向养殖人员的手持终端发送淘汰预警信息。

第二节　人工授精

人工授精技术是养猪业实用性极强的一种配种技术，可以有效减少养猪场饲养公猪的数量，节约人力和饲养成本，还能减少由于自然交配导致的疾病感染，提高母猪的受胎率，增加养殖效益，已在全国范围内得到了广泛应用。所谓人工授精是指通过人工方式采集公猪的精液，检验精液品质，并在恰当的时间以科学的操作流程将精液输入发情母猪子宫内，完成母猪配种。因此，输精时间和方式对母猪配种成功率有重要影响。

一、适宜的输精时间

输精时间是否适当，是决定受精与产仔多少的关键。适宜的输精时间是在母猪排卵前，特别排卵高峰前数小时，即在母猪排卵前 2~3 h。为了能做到适时输精，在生产实践中，大多数根据母猪发情表现结合发情时间来进行。只要发情母猪接受公猪爬跨或用手按压母猪腰臀部静立不动，就可进行第 1 次输精，再过 8~12 h 后进行第 2 次输精，通常能获得良好效果（表 8–2）。

表 8–2　配种时机的把握

母猪种类	发情静立时间	配种
后备母猪/超期母猪（断奶时间大于 7 d）/返情母猪	上午	当日上午至下午
	下午	当日下午至次日上午
经产母猪（3~7 d）	上午	当日下午至次日上午
	下午	次日上午至次日下午

二、输精方法

1. 常规输精

常规猪人工授精的输精部位在子宫颈，输精后精子靠子宫收缩与自身的运动到达输卵管壶腹部与卵子结合，完成受精过程。常规输精操作简单、经济便捷，于适宜的输精时间操作，经 2~3 次输精后，受胎率可达 80%~90%。但是，常规输精缺点也很明显，如精液逆流、输精量大、对精液质量要求高等。现行的猪人工授精技术规范一般推荐的输精剂量为 80~100 mL、有效精子数 30 亿~40 亿个。

2. 子宫颈后输精

在常规输精基础上，使用深部输精管将公猪精液输入到母猪子宫体，以达到让精子直接越过子宫颈屏障，更高效进入输卵管与卵子结合的目的，这种方法通常称为子宫颈后输精。相比常规输精，子宫颈后输精具有明显的优势。由于精子游动距离缩短，精液回流现象减少，从而减少了输精量，并提高了优秀种公猪的利用效率。输精时间大幅缩短，减少了配种人员的投入和工作量。但是，子宫颈后输精也存在着一定的缺点。相对于常规输精操作更复杂，操作不当，易造成母猪生殖系统损伤，因此主要应用于经产母猪，不适用于后备母猪，配种人员需要通过培训训练，做到熟练运用该技术。

三、输精标准操作

（一）精液复检

输精前对同一批精液进行抽检，凡精子活力低于 70%的精液不得使用。精液复检标准操作流程如下。

1. 人员准备

进入洗澡间洗澡更衣，进入实验室后再清洗双手。

2. 用具准备

准备精液储存表、剪刀、笔、移液器、一次性枪头、一次性 5 mL 离心管。

移液枪、一次性枪头、一次性 5 mL 离心管放入 37 ℃恒温箱预热。

确保水浴锅已加热到 37 ℃。

打开显微镜电源。

载玻片、盖玻片放置于 37 ℃恒温载物台预热。

3. 操作程序

检查精液储存冰箱的温度，在精液储存表上记录最高和最低温度。

检查储存精液的采精日期，如果精液储存时间已超过稀释液的使用时间，则弃掉这批精液。

旋转、翻动或上下颠倒所有的储存精液，使精子均匀悬浮于稀释液中。

根据所需精液的头份，选择先采的精液先用。

在每批精液中各取 1 袋作为测试样本。

剪开精液袋，倒出一小部分（约 1 mL）至预热好的离心管中，置于室温缓慢升温 15 min。

将离心管放在 37 ℃水浴锅中继续升温 10 min。

对取过样的精液袋封口后重新放入精液储存冰箱。

用预热好的移液枪和一次性枪头从离心管中取出一滴放在预热好的载玻片上，盖上预热好的盖玻片。

在100倍或200倍显微镜下检查精液，估算直线运动精子所占百分比。

如果精子活力合格则可用于输精。

如果精子活力低于70%，重新取样再次镜检。

如果2次检查精子活力均低于70%，弃掉这批精液。

在精液储存表上记录检查结果、操作人。

（二）常规输精标准操作流程

1. 输精前的准备

安静的环境：输精时要保持环境安静，整个输精过程要有条不紊地进行，不要太匆忙或太缓慢。

输精时间：发情母猪采食后1 h。

精液准备：复检合格的精液，推荐精液剂量为30亿/80 mL。

用具准备：一次性输精管、润滑凝胶、输精夹、纸巾、记号笔、挡猪板等。

公猪准备：挑选12月龄以上、性欲旺盛、体格健壮的公猪作为输精刺激公猪，注意与查情公猪分开使用。

母猪准备：应先用温水清洗母猪阴部，用卫生纸擦干净。如果环境卫生欠佳或者场内母猪子宫炎高发，最好在配种前对每头母猪的后躯清洗消毒。为避免交叉感染，清洗时应使用一次性毛巾或纸巾，不能共用毛巾。

2. 输精流程

将1头输精刺激公猪赶到母猪限位栏前，给母猪背部佩戴输精夹，使母猪静立不动。

一次性输精管头部涂上凝胶，用拇指和食指轻柔地掰开阴唇，再次检查外阴是否存在污物，确认干净后将导管沿着阴道斜向上45°插入10 cm，然后水平插入到达子宫颈。

轻轻旋转插入（逆时针旋转），当输精管不能再往里插入时，稍微向外拉输精管，感觉到有阻力时，输精管头就到达了母猪子宫颈的正确位置。

认真确定每头母猪应该使用的精液瓶，接上输精管，把精液瓶挂到输精夹上，高度在母猪外阴以上稍高10 cm左右的部位，输精员模仿公猪动作按摩母猪乳房、外阴及背部，刺激母猪子宫收缩，促进精液的吸收。

输精时间以5 min左右为宜。

等精液吸收完全后，让输精管停留10~15 min，顺时针缓慢取出输精管。

为保证授精质量，每头母猪应输精2~3次。第1次输精标记一竖，形成“丨”形。第2次输精上面标记一横，形成“丅”形。第3次输精下面标记一横，形成“工”形。

3. 输精注意事项

转猪和输精之间的时间间隔至少1 h。

配种时保持清洁卫生，防止在插入输精管时把灰尘或粪便带进生殖系统。

使用人工授精专用凝胶。

为保护母猪的生殖系统不受伤害，建议后备母猪和第一胎母猪使用螺旋头输精管。

输精时禁止挤压精液袋，要让母猪自行吸收精液。

如果输精过程造成母猪的生殖道出血，要记录清楚，必要的时候要配合治疗措施。

每天的配种时间要固定，携带的精液量需在 20 min 内用完。

（三）子宫颈后输精标准操作流程

1. 输精前的准备

安静的环境：输精时要保持环境安静。

输精时间：发情母猪采食后 1 h。

精液准备：复检合格的精液，推荐精液剂量为 20 亿/45 mL。

用具准备：一次性输精管、润滑凝胶、纸巾、记号笔、挡猪板等。

公猪准备：挑选 12 月龄以上、性欲旺盛、体格健壮的公猪作为输精刺激公猪，注意与查情公猪分开使用。

待配母猪的准备：母猪必须呈放松状态，不能用公猪和人为刺激。查情及诱情刺激应在配种前 1 h 完成，避免输精时子宫收缩，增加深部输精管内管的插入阻力。

2. 输精流程

外阴清理：所有母猪配种前应做好外阴清洁的准备工作。在配种前可用一次性纸巾擦拭母猪外阴。外阴外部太脏可考虑用湿巾擦拭外阴外部，内部用一次性纸巾擦拭。

插入外管：打开输精管包装后，不得接触和污染输精管需插入母猪生殖道内的部分。插入外管前，将凝胶涂在外管泡沫端。按常规输精方法将外管插入母猪子宫颈褶皱处。

插入内管：向前推送内管，如果感到阻力时（子宫颈未完全松弛时，内管将很难插入），应稍等 30 s，可依次对下头母猪尝试插入，之后返回来继续插入。内管完全插入后，将外管轻轻地往母猪体内再推深入一些。此时如果内管轻微退回，说明内管位置不正确，未完全插入。再次将外管向里轻轻推，此时内管仍保持不动，就可以对母猪实施输精了。

精液输入：将精液输入前，应轻轻晃动精液，确保最佳数量的精子进入生殖系统内。挤入精液，在挤入一半精液时，稍作停顿，仔细检查是否有倒流，如果正常，则全部挤入，如果有倒流，及时检查输精管的内管和外管。

拔出输精管：所有精液注入后，将内管和输精瓶一起抽出。内管抽出后，将外管抬高，用手刺激外阴 30 s，顺时针绕 10~15 圈抽出外管。

在进行子宫颈后输精操作时，每人连续操作最好不要超过 5 头，5 头母猪为一组，依次从第 1 头到第 5 头擦外阴，然后依次插外管、再插内管，最后返回开始输精。

输精结束后，应对输精效果做评估记录，包括有无倒流及输精管是否沾血等。

输精效果评估后，将公猪放置在配种区通道中 10 min。公母比例 1∶10。确保充分接触，促进精液吸收。

为保证授精质量，每头母猪应输精 2~3 次。第 1 次输精标记一竖，形成“丨”形。第 2 次输精上面标记一横，形成“丅”形。第 3 次输精下面标记一横，形成“工”形。

3. 注意事项

确保输精时严格的卫生操作。

待配母猪在子宫颈后输精前不能与公猪有再次接触。

在子宫颈后输精时，不需要公猪接触。

不用于后备母猪。

经产母猪中10%~15%不愿意接受子宫颈后输精，对不接受的猪只，在子宫颈后输精结束后赶入公猪进行常规输精操作。

进行子宫颈后输精操作的员工需要良好的培训。

第三节 智慧养猪配种操作流程

一、转移种猪

根据任务工单要求将待配种种猪转移至配种舍。

二、留种筛选

智慧养猪管理平台可根据猪只状态及历史生产性能进行分析，对待配种种猪自动计算母猪生产力育种值（breeding value for sow productivity，BVSP）并排名，根据用户需求自动筛选留种种猪。通过留种筛选功能方便决策人员通过系统评分筛选将留种的母猪。

三、扫描精液条码

养殖人员使用手持终端扫描精液袋上的条码，系统自动查询该精液所属公猪耳号并记录。

四、扫描种猪耳标

扫描母猪电子耳标后，系统可从智慧养猪管理平台中调取母猪的留种方式，自动提醒是否配纯种，自动显示历史配种记录以及该母猪的 BVSP 评分。

五、自动核验

在配纯种的情况下，针对一个配种周期内多次配种，系统自动核对每次人工授精的精液编号是否一致，避免留种配种时出现人为失误。

六、配种异常

人工授精过程中，若出现了配种异常情况，养殖人员可通过手持终端扫描母猪电子耳标，录入倒流、出血、静立、配种方式等数据，将配种异常数据录入智慧养猪管理平台。

七、配种记录

养殖人员使用手持终端可将猪只配种过程全部信息记录到智慧养猪管理平台中，为猪只谱系、溯源、留种、生产性能分析提供数据支撑。

第九章　妊娠母猪标准化养殖

第一节　妊娠母猪饲养目标

从精子与卵子结合、胚胎着床、胎儿发育直至分娩，这一时期称为妊娠期。母猪的妊娠期一般为108~120 d，平均为114 d，为了便于记忆，可用“三、三、三”来表示，即母猪妊娠为3个月3周零3 d。饲养妊娠母猪的任务是保证胚胎和胎儿在母体内的正常发育，防止流产和死胎的发生，使每窝都能生产大量健壮、生命力强、初生重大的仔猪，并保持母猪有中上等的体况，为哺乳期泌乳及断奶后正常发情打下基础。

妊娠母猪包括如下生产目标。

（1）分娩率大于90%。

（2）返情率（21±3）d前小于10%，24 d后小于3%，每头每年非生产天数小于45 d。

（3）每头母猪年产窝数大于2.3窝，每头母猪年产活仔数大于25头。

（4）经产母猪每头母猪窝产活仔数大于11头，初产母猪大于10头；仔猪初生均重大于1.5 kg；死胎率小于5%，木乃伊率小于1.5%，弱仔率（体重800 g以下）小于5%。

（5）母猪死亡率小于2%。

第二节　妊娠期胚胎的生长发育与死亡

猪场经营的成败与好坏，取决于母猪年生产力。母猪正常发情和适时配种是饲养母猪成败的第一步，配种后胚胎发育的好坏及成活率也直接关系到养猪业的成败。

一、胚胎发育规律

胚胎的生长发育特点是前期形成器官，后期增加体重。受精卵在输卵管内一般需要停留2 d，然后进入子宫角，这时胚胎已发育到4细胞阶段。胚胎在子宫角的顶部大概停留5~6 d，然后向子宫体移动，第9天与来自对侧子宫角的胚胎混合。胚胎在2个子宫角腔中自由地移动直到大约第12天。第13~14天胚胎开始着床，但着床很松散，直到大约第18天着床才完成。胚胎进一步发育，妊娠第4周可观察到羊膜、尿囊膜、卵黄膜（很快变为退化器官）和最外面的绒毛膜，并且具备了与母体胎盘交换物质的能力。第 5 周尿囊膜和绒毛膜融合，在妊娠的第 30～60 天组成上皮胎盘。胚胎在妊娠前期生长缓慢，30 d 时胚胎重仅 2 g，60 d 胚胎重仅占初生重不到 10%；妊娠期前 2/3 的时间里，胎儿的增重为初生重的 20%～22%；妊娠期后 1/3 的时间里，胎儿的增重达到初生重的 76%～78%（图 9-1）。

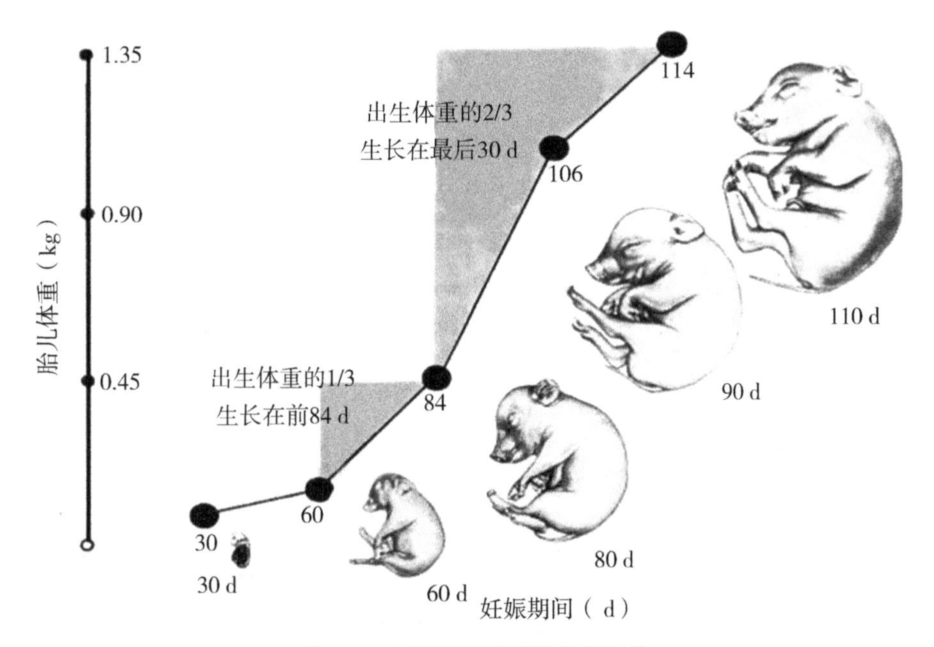

图 9-1　妊娠期胚胎重量变化规律

二、胚胎死亡规律及原因

1. 胚胎和胎儿的死亡规律

母猪一般排卵 19 枚以上，卵子受精率高达 95%以上，但产仔数只有 10～15 头，这说明 30%～50%的受精卵在胚胎期死亡。胚胎死亡一般有 3 个高峰期（图 9-2）。

配种后 9～13 d 为第 1 个高峰期。在这个时间段，由于母猪体内的受精卵刚开始与子宫壁相接触准备着床，但还没有植入，因此当子宫内的环境受到干扰，很容易引起胚胎死亡；同时，胚胎需竞争子宫内膜腺分泌的子宫乳。因此，这一阶段的胚胎死亡率高达 20%～25%。

配种后 18～30 d 为第 2 个高峰期。在这个时间段，胚胎附植后滋养层细胞继续延长，扩大胚胎与母体的接触面积，胎盘逐渐建立，至妊娠 26 d 左右形成完整的尿囊绒毛膜，滋养外胚层发育成为胎儿侧胎盘。胎盘的建立及发育是否正常直接影响胚胎的存活，这一阶段胚胎死亡率高达 10%～20%。

配种后 60～70 d 为第 3 个高峰期。在这个时间段，主要是胎盘停止生长，胎儿则迅速生长，胎儿之间互相竞争营养物质造成弱势胎儿死亡，这个时期胚胎死亡率约

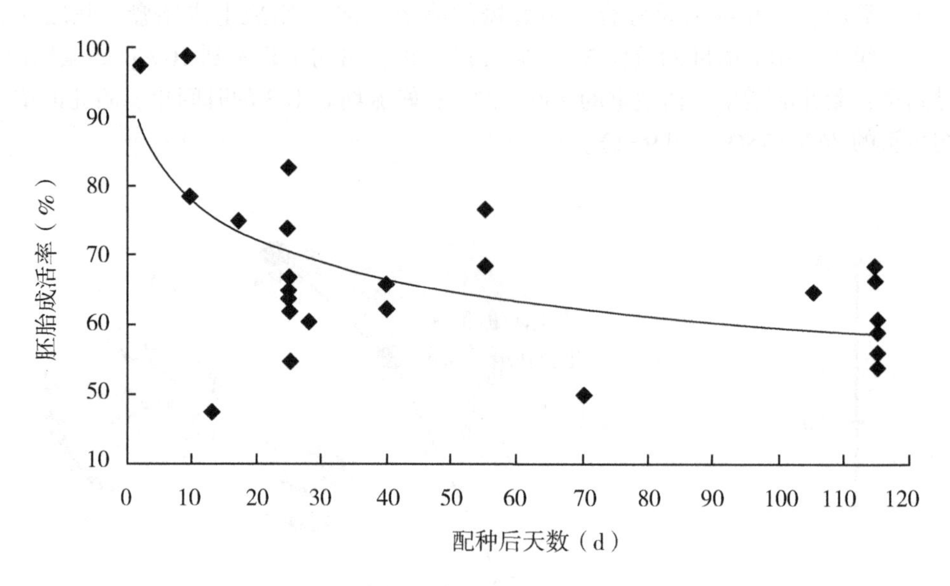

图 9-2　妊娠期内胚胎成活率变化规律

占 10%。

2. 造成胚胎死亡率差异的因素

遗传因素：不同品种猪的胚胎死亡率有一定的差异。据报道，梅山猪在妊娠 30 日龄时胚胎存活率（85%~90%）高于大白猪（66%~70%），其原因与其子宫内环境有很大关系。梅山猪子宫冲洗液中含有大量的蛋白质和葡萄糖，为胚胎发育提供了更多的营养物质。

营养因素：饲粮营养搭配不当或者某些营养元素缺乏会导致生殖细胞产出量减少以及活性降低，然后形成弱胚而死亡。另外，妊娠前期给母猪过高水平的能量，会使胚胎成活率降低。

环境因素：母猪对高温的忍耐力很差，当外界温度长时间超过 32 ℃时，妊娠母猪通过血液调节已维持不了自身的热平衡而产生热应激，胚胎的死亡率明显增加。

疾病因素：妊娠母猪发生某些病毒性或细菌性疾病时，出现体温升高（40~41 ℃）、食欲减退或废绝等症状，容易引起胚胎死亡。

管理因素：胚胎附植前，饲养员的驱赶、打骂以及母猪互相拥挤、咬斗等，均容易引起胚胎死亡。

其他因素：霉菌毒素会导致母猪流产以及胎儿的畸形发育，因此应该慎重选择饲料原料（如玉米、小麦及副产物纤维源等），关注原料有无霉菌毒素等污染情况，预防性添加霉菌毒素吸附剂或处理剂。

第三节　母猪妊娠期的变化

母猪妊娠期间营养生理发生较大的变化，表现在代谢增强、体重增加以及乳腺的发育。

一、妊娠母猪的代谢增加

母猪妊娠期的合成代谢效率高，且妊娠前期的合成代谢效率高于后期。妊娠前期，母猪受甲状腺素、三碘甲状腺原氨酸、肾上腺皮质激素等激素控制，处于“妊娠合成代谢”状态，合成代谢效率较高，脂肪沉积较强。到了妊娠中后期，胎儿生长发育加快，胎儿组织合成代谢所消耗的能量增加，母猪腹腔容积减小而采食量降低，造成母猪合成代谢效率降低，这时母猪由脂肪沉积的合成代谢转为脂肪分解的分解代谢。母猪体组成分解和胎儿体组成合成需要耗费能量，妊娠后期产热增多，增加量超过了体重增长的热增量，超出热增量的部分就是“妊娠增热”。

二、妊娠母猪营养分配的特点

有关营养分配的顺序，就初产母猪而言，首先是满足母体自身的维持需要，其次是母体自身生长发育的营养需要、保证胎儿生长发育的营养需要、妊娠后期乳房组织发育以及生殖道增厚的营养需要，最后才是母体营养贮备。经产母猪与初产母猪不同，已经基本完成生长发育过程，在机体发育和新陈代谢方面相对初产母猪来说更加健全，因此经产母猪的营养摄入主要用于繁殖生产。

三、妊娠母猪的体重增加

妊娠母猪的增重主要表现在 2 个方面，一是子宫及其内容物（胎膜、胎水与胎儿）显著增长，二是母猪储存大量营养物质，即母猪自身体组织的增长。在妊娠前期的增重中，母体自身体组织增长占绝大部分，子宫内容物的增长随妊娠期的延长而加速。胚胎的增重在前期慢（妊娠前 70 d，胚胎体蛋白的日沉积量 0. 25 g），后期快（妊娠 70 d 后至分娩，胚胎体蛋白质的日沉积量 4. 64 g），临近分娩增重最快，胎重的 2/3 是在最后的 1/3 孕期完成的。初产母猪整个妊娠期增重 40~50 kg 为宜，经产母猪增重 25 kg 为宜。

四、妊娠母猪的乳腺发育

妊娠母猪乳腺发育主要发生在妊娠后期的 75~95 d，此阶段在雌激素和孕酮的作用下乳腺继续发育，腺泡组织取代脂肪组织，乳腺蛋白的日沉积量达到 3. 41 g，一般于妊娠 90 d，具备泌乳能力。

第四节 妊娠母猪标准化养殖流程

一、妊娠母猪日常管理流程

（1）投料：按妊娠母猪的饲养方案进行。

（2）巡栏：查看猪群整体情况，按妊娠母猪伤病猪识别标准巡栏。

（3）环境监测：检查环境控制系统运行情况并做相应调整，记录舍内温度、湿度和空气质量，每天早中晚各进行 1 次。妊娠母猪舍适宜温度 15～20 ℃，湿度最好为 60%～70%。温度过高可影响采食量，造成应激引起流产，低于 13 ℃要保温，高于 27 ℃要防暑。

（4）饮水器检查：检查有无堵塞、缺损、漏水等，水压是否正常。

（5）妊娠检查：配种后按妊娠检查标准操作流程进行。

（6）配种：按输精标准操作流程进行。

（7）返情母猪处理：按返情母猪处理标准操作流程进行。

（8）体况评分：按体况评分标准操作流程进行，每周 1 次。

（9）疫苗注射：协助兽医进行免疫注射，注意观察免疫后的情况。

（10）猪只转群：按照待产母猪转群标准操作流程进行。

（11）伤病猪处理：及时处理巡栏发现的伤病猪，如有疑问，请教兽医。

（12）卫生管理：按舍内卫生管理流程清理栏舍卫生，更换消毒池、消毒桶内消毒液。

二、妊娠检查

母猪配种后，不可避免地会存在未妊娠母猪。进行妊娠检查目的是明确母猪是否妊娠，做好相应饲养管理工作。早期妊娠诊断，可以减少母猪非生产天数，提高母猪的年平均产仔窝数，提高母猪的受胎率及产仔数，有利于及时淘汰低繁殖力或不育母猪。猪场的配种水平越低，妊娠检查的意义就越大，就越应当做好妊娠检查工作。

（一）妊娠检查方法

妊娠检查的方法有发情鉴定法、B 超诊断法、视觉检查法、血液检测法、激素诊断法、尿液检查法等。然而，无论哪种方法都不能达到 100%的准确率。现代化猪场多采用几种方法相互验证，提高妊娠检查准确率，尽可能在配种后的 22～25 d 尽快找出 90%的空怀母猪。

1. 发情鉴定法

发情鉴定法是一种妊娠诊断的方法，就是在母猪配种后一定时间，检查其是否恢复发情。在母猪配种后，应进行 2 次返情检查，第 1 次是在母猪配种后 17～24 d，如不发情（返情），可初步认为母猪已经妊娠；第2次是在母猪配种后38~45 d，如仍不发情（返情），就可确认母猪已经妊娠。这种方法，是一种最为普通的方法，在猪场较为实用，准确率最高可达92%，但低时会低于40%。若母猪由于囊性卵巢退化（COD），卵巢周期不规律或者假孕而长时间处于乏情期，则会出现假阳性的结果。

2. B超诊断法

B超诊断法又被称作超声断层扫描法，超声探头探查腹部发出数百束超声波，发射出去的超声波遇到不同介质反射回不同强度的灰度点，大量灰度点形成一个二维切面图，即断层图像。遇到血液、羊水、组织间液、积液、瘀血等液体类组织或病理产物时超声波折射呈黑色，骨骼、结石等高密度的组织或病理产物将超声波反射回来呈白色，肌肉、内脏器官等实质性组织超声波折射呈灰色。由于猪的胎盘属弥散型胎盘（散布胎盘），每个胎儿由一个绒毛膜囊包裹起来，薄膜囊内的胎儿由羊水浸泡着，由于液体对超声波不反射声波，因此会在胎儿周围形成一个暗区，胎儿的形态初步凸现出来。B超因其操作简便、可多次重复、准确率高，并能在配种后第24天就得出结论，而且无其他禁忌等，在母猪的妊娠诊断中最为常用。

3. 视觉检查法

视觉检查法是通过观察母猪不同妊娠阶段的生理变化（包括乳房、腹部、外阴）和行为变化来确定母猪是否妊娠的方法。母猪在妊娠后表现为呈周期性变化的发情表征消失，性情变得温顺、安静，行为谨慎，食欲增加，营养状况逐渐得到改善，排尿次数逐渐增多，注重卫生，毛色更加润泽。妊娠后期体重大幅增加，腹围增大，乳房增大，孕侧的腹部肋侧凹陷，腹部底部下垂。视觉检查法可作为发情鉴定法和B超诊断法的补充程序，用于确保妊娠的延续。一般在妊娠期的70 d开始进行视觉检查，眼观母猪腹腔是否增大、乳头与乳腺静脉是否增粗。如果可疑，则可用B超诊断法重新检查1次。

（二）发情鉴定法标准操作流程

1. 用具准备

准备记号笔、赶猪板、公猪车（如果使用的话）。

2. 公猪准备

挑选12月龄以上、性欲旺盛、体格健壮的公猪。

3. 待测猪群

配种后17~24 d和38~45 d的母猪。

4. 人员准备

需要工作人员2~3名，要求有经验，能掌握母猪发情表现。

5. 操作流程

同发情鉴定标准操作流程。

（三）B超诊断法标准操作流程

1. 用具准备

B超仪（图9-3）、耦合剂、记号笔等。

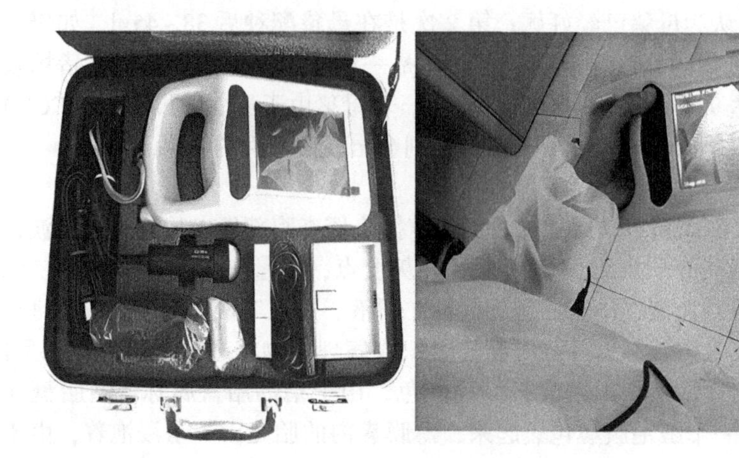

图 9-3　便携式 B 超仪

2. 待测猪群

配种后 24 d 和 42 d 母猪。

3. 人员准备

工作人员要求有经验，能掌握结果判定依据。

4. 探头检测的位置

在母猪腹股沟部，即腹部和后腿连接的三角区，最后两对乳头中间位置扫描检测。母猪有双孕角，左右两侧均可以检测。

5. 操作流程

（1）扫描仪的探头涂上耦合剂，置于探头检测位置，呈 45°角斜向对侧上方扫描。

（2）缓慢移动探头，直至看见清晰的胚胎影像。

（3）如果影像模糊不清晰，可在探头上涂抹更多的耦合剂。

（4）扫描没有发现胚囊或者胚囊较少时，可以在另一侧扫描。

（5）至少要看见 3 个不同的胚囊，才能鉴定为妊娠。

（6）标记不能清晰判定是否妊娠的母猪，1 周后再次检测。

（7）标记空怀母猪，并将其转回配种舍。

（8）如果猪场平均分娩率低于 85%，在配种后 6 周时再次扫描。

6. 结果判定

（1）前期孕检阳性的母猪的 B 超图像如图 9-4 所示，要保证图像中至少有 2 个囊胚。

（2）若两侧检测结果均未出现囊胚，显示如图 9-5 所示，则判定为孕检阴性，对母猪进行标记。

（3）若孕检仪屏幕上仅出现如图 9-6 所示一大片黑色区域，为膀胱，说明母猪膀胱充盈，应调整探头位置或先标记，待母猪排尿后，重新进行检测。

（4）图 9-7 左图所示为妊娠 60~80 d；右图所示为妊娠 90 d。

7. 注意事项

（1）妊娠检查结果会受到充盈的膀胱、子宫囊肿等的影响，要求操作人员对囊胚

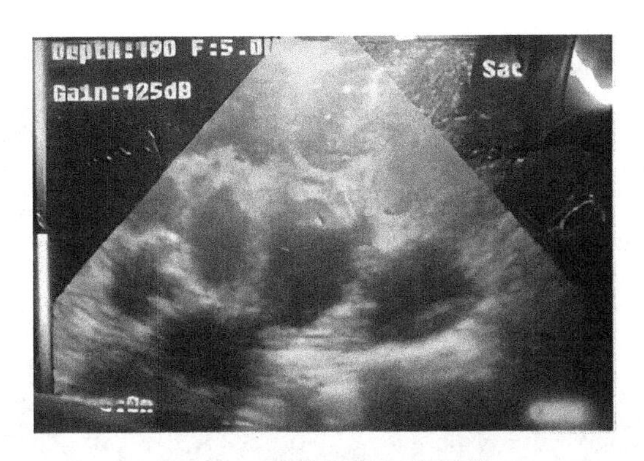

图 9-4　孕检阳性 B 超图像

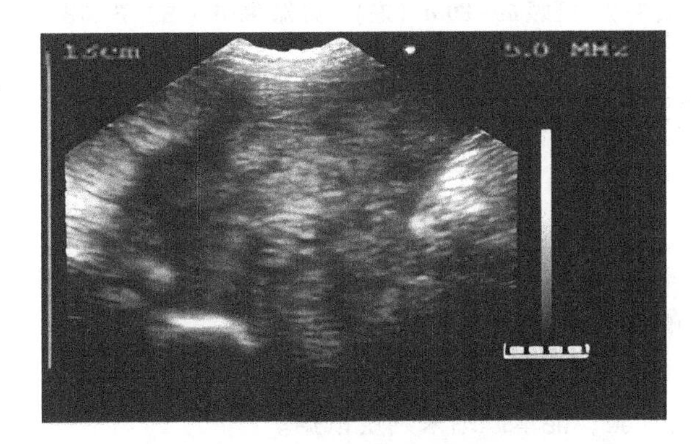

图 9-5　孕检阴性 B 超图像

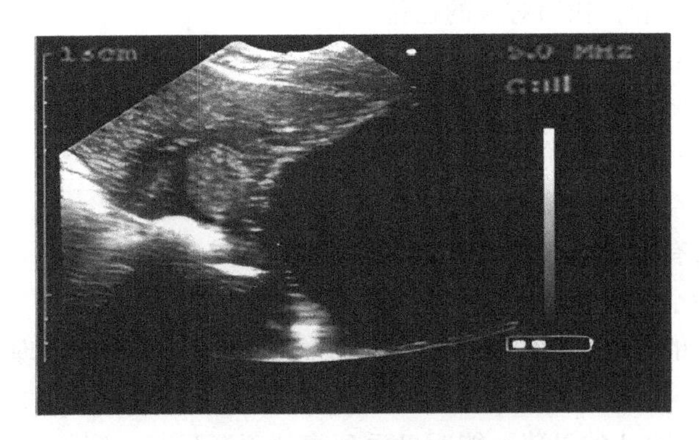

图 9-6　母猪膀胱 B 超图像

的形态结构特点有充分的认识。检测过程中可以把临近猪只的图像进行对比，以方便结果的判定。

（2）B 超仪价格比较昂贵，并且探头很容易损坏，所以使用人员要经过培训，在使用过程中要加倍小心。

（3）在操作过程中一定要注意安全，确保手臂、腿部以及脚不被母猪挤伤。

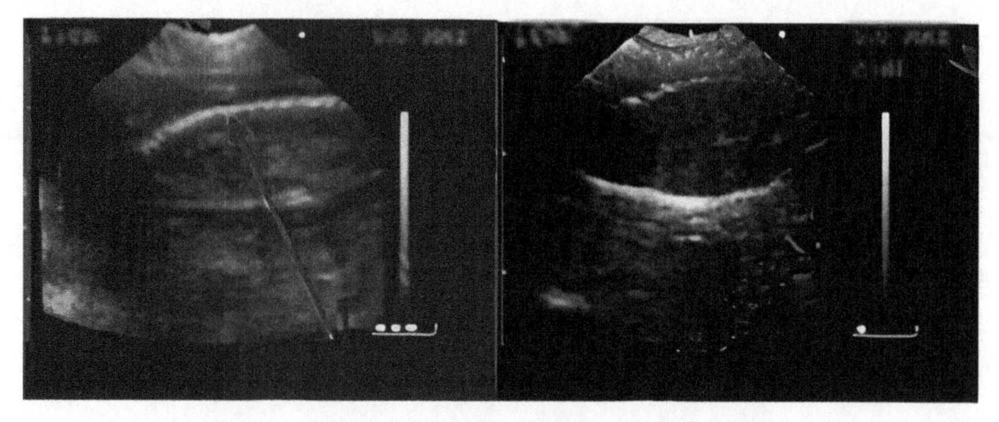

图 9-7　妊娠 60~80 d（左）、妊娠 90 d（右）B 超图像

（四）视觉检查法标准操作流程

1. 用具准备

记号笔。

2. 待测猪群

配种 70 d 以上的母猪。

3. 人员准备

工作人员要求有经验，能掌握结果判定依据。

4. 操作流程

（1）确定待检猪群，找出对应的栏位。

（2）使母猪站立。

（3）观察母猪随着妊娠期的延长腹部、乳腺、外阴等的变化。

（4）对比判断不同妊娠阶段母猪。

（5）对可疑为空怀的母猪进行标记，记录耳号、栏位。

（6）观察完所有母猪后，对可疑为空怀母猪进行 B 超检查。

（7）标记复检空怀的母猪。

（8）确定空怀的母猪，立即转入配种栏或淘汰区，进行相应处理。

5. 结果判定

（1）妊娠 70~100 d 的母猪：能明显看到腹部逐渐隆起；腹部变大并逐渐下垂；乳腺发育，乳头明显。

（2）妊娠 100 d 至分娩前的母猪：乳房隆起明显，在下腹部与乳房的交界处有明显的凹痕；外阴开始肿胀，变得松弛；群养时母猪走路变得蹒跚。

6. 注意事项

（1）视觉检查过程中尽量减少对母猪的刺激。

（2）工作人员要把视觉检查当作妊娠期管理的日常工作，每天要观察，并且要列入每周工作计划。

（五）返情母猪处理标准操作流程

母猪在配种后又再次发情的现象称为返情，母猪养殖返情率高会给生猪养殖带来严重的经济损失。母猪返情率高的原因主要是母猪发生炎症，导致配种受胎率下降，母猪重新发情；饲养管理不合理、配种方法不当等也是引起母猪返情的主要原因，需要对原因进行分析，采取合理的措施（表9-1）。

表9-1　母猪返情和处理办法

返情时间	比例	导致返情的主要原因	处理办法
配种后 10～18 d	4%～6%	a. 发情将结束或已经结束才开始配种 b. 没有发现寄养母猪在产房或刚断奶时已经发情，并对其发情后期的症状产生了误判 c. 繁殖疾病或霉变饲料导致发情周期紊乱	(1) 准确的查情：充足的公猪刺激及人工刺激，不静立不配种 (2) 关注寄养母猪：记录寄养母猪在产床上的发情时间，记录耳号和发情时间，根据生产目标选择立即配种或者下个发情期配种 (3) 每天查情2次，根据断奶和发情的间隔确定正确的配种时间 (4) 咨询兽医，积极治疗患病母猪，子宫炎、乳房炎治疗无效的应及时淘汰 (5) 饲料送检，保证饲料安全，及时更换问题饲料
配种后 19～24 d	30%～60%	d. 精液质量差，原因是精液准备过程不当或者公猪精液不好 e. 不正确的输精程序 f. 布鲁氏菌病引起配种3周后持续的返情	(6) 确保精液质量：使用质量好的公猪精液，精液稀释、贮存要科学 (7) 人工授精时要有公猪的刺激，输精过后也要有公猪对其刺激，促进精液的吸收 (8) 做好免疫，发现问题及时上报，积极与兽医沟通
配种后 25～30 d	7%～10%	g. 子宫内少于4个受精卵：公猪不育，精液质量不佳；不合适的输精时间（第1次输精时并不在发情期） h. 黄曲霉毒素导致胎儿流产	同(6)、(1)、(3)、(5)
配种后 31～38 d	8%	同h、g	(9) 配种后第1个月限饲，否则会引起胚胎死亡 同(4)、(1)、(3)、(8)
配种后 39～44 d	5%	i. 查情工作较差，技术员操作及观察不认真	(10) 开展员工培训，对员工重新评估 同(1)、(3)
配种后 45～79 d	15%	j. 由于不良的生产管理，妊娠猪并没有进行孕检或者发现空怀后忘记将其转移到配种栏 k. 查情工作较差	同(10)、(1)、(3)

（续表）

返情时间	比例	导致返情的主要原因	处理办法
配种后>80 d	<10%	l. 饲喂人员的更换（高负荷的工作量导致员工责任心不强），饲料的更换，不同的管理方式或疾病都有可能造成返情	（11）建立标准的工作流程确保农场里的各项工作都能顺利并且高质量完成 （12）由于这阶段的返情母猪造成了较大的损失，所以一般淘汰

（六）淘汰管理

合理的淘汰可以提高猪群的生产表现，减少猪群死亡率，保证合理的胎次结构。妊娠母猪淘汰原则如下。

1. 主动淘汰

6胎及以上。

2. 断奶母猪体况不达标

（1）断奶体况小于2.5分且>5胎。

（2）泌乳性能差、连续2胎断奶体况不达标准。

3. 超期母猪

（1）5胎以上的断奶母猪，超过7 d未发情。

（2）若断奶后18 d还未发情，注射PG600，7 d内不发情。

（3）早期断奶母猪超过28 d不发情。

4. 返情、空怀、流产母猪

（1）同一妊娠期内，出现返情、空怀、流产（其中两种）。

（2）胎次≥4，出现返情、空怀、流产（其中一种）。

（3）配种70 d以后发现空怀、胎次≥4。

（4）配种70 d以后发现空怀，3胎及以下，再过21 d查情1次，仍不发情。

5. 疾病母猪

（1）断奶后有严重的恶露、子宫炎。

（2）肢蹄疾病母猪可站立并自由采食，分娩后淘汰；不可自由采食，立即淘汰。

（六）待产母猪转群标准操作流程

1. 转群时间

根据推算的母猪预产期，在母猪临产前2~3 d把母猪转入分娩舍。

2. 分娩舍准备

（1）检查分娩舍内配电箱保险丝。如有问题，及时更换。

（2）确保分娩舍各个设备干燥。

（3）检查分娩舍内各个设备电缆有无割口、电线有无裸露、进水或明显的烧毁痕迹。如有毁坏，应及时更换。

（4）确保分娩舍内各个设备电缆已完全固定。如有松动，及时固定。

（5）检查保温灯、保温垫插销螺丝是否松动，有无烧灼的痕迹。如果有毁坏，要及时更换插销。

（6）检查保温灯、保温垫是否正常工作。

（7）检查分娩栏位有无损坏或异常。漏缝地板是否损坏、不平坦或边缘凸起。母猪限位栏螺丝是否松动、焊接是否损坏、边缘是否锋利。仔猪围栏是否有裂缝或破口。

（8）分娩栏安装料槽，检查里面是否有残留的水或消毒液。

（9）检查母猪、仔猪饮水器/碗的水流量。

（10）不安装母猪限位栏后部栏杆、分娩栏后门。

（11）重复以上步骤，准备所有的分娩栏。

（12）开启环境控制系统，设置参数，检查所有的风扇、加热器和进风口是否工作正常。

（13）在粪坑中重新注入 150 mm 深的水。

3. 工具准备

赶猪板、待产母猪清单、记号笔等。

4. 待产猪准备

（1）核对将要转群母猪信息，作出标记，做好母猪体况评分及健康状况核查，整理母猪卡。

（2）将待产母猪腹部、乳房及臀部的污物冲洗干净并消毒。

5. 人员准备

需要工作人员 2 名。

6. 操作程序

（1）准备好赶猪通道，移走分娩舍产床后面的栏杆。确保通道完全无障碍物。做好防滑、防应激准备。

（2）检查限位栏喂料器螺丝钉是否旋紧，如有松动，及时旋紧。

（3）按预产期先后将母猪从栏里放出。

（4）工作人员 A 打开限位栏后门。

（5）工作人员 B 用赶猪板挡在母猪的前面把母猪往后赶。

（6）工作人员 A 用赶猪板驱赶母猪，使其头朝向设置的出口方向，关上限位栏后门。

（7）重复以上步骤直到放出 3~5 头母猪。

（8）将母猪赶上产床，安上产床后面的栏杆。

（9）重复以上步骤完成本批次待产母猪转群。

（10）检查产床栏杆是否栓紧，保温灯或保温垫是否工作正常，饮水器是否工作正常，室内温度是否合适。

（11）记录待产母猪相关信息。

（12）清洗、消毒通道。

第五节　智慧养猪妊娠期操作流程

一、母猪妊娠期智能化提醒预警

智慧养猪管理平台可配置妊娠周期各项异常指标或常规检查的预警提醒标准，以预警标准为依托，系统每隔 24 h 检测所有妊娠母猪的各项生产数据，当检测到妊娠母猪生产数据出现异常时，系统自动汇总猪只数据，并进行预警提醒，养殖人员手持终端可第一时间接收到智慧养猪管理平台下发的提醒信息。

异常提醒：智慧养猪管理平台综合猪只的历史妊娠记录，对“连续多次返情”“空怀多次”“流产多次”等指标进行检测，发现异常后实时提醒养殖人员。

返情提醒：当妊娠母猪达到查返情时间后，系统自动对需要查返情的妊娠母猪进行统计，并根据所在舍进行分组归类，便于养殖人员对待查妊娠母猪进行人工筛查。

孕检提醒：当妊娠母猪达到 25 d 和 42 d 孕检时间后，系统自动对需要孕检的妊娠母猪进行统计，并根据所在舍进行分组归类，便于养殖人员对待查妊娠母猪进行人工筛查，筛查过程中若发现妊娠母猪出现返情、空怀、流产、孕检阴性等异常情况，养殖人员可使用手持终端对异常孕检结果进行登记，方便后续处理。

分娩提醒：妊娠期结束，需上产床时，系统自动推送任务工单至养殖人员手持终端。用户按照任务工单要求进行转栏即可。

二、智慧养猪妊娠期妊检操作流程

在妊娠初期，妊检可以早期发现母猪是否受胎，如果没有受胎，可以及时补配，减少空怀；在妊娠中期，通过诊断可以对已受胎的母猪加强保胎工作；在妊娠后期，通过诊断可以估计出胎儿头数，便于确定母猪的饲养定额和分群管理，可以更正确地掌握分娩日期，及早做好接产准备工作，确保母猪的安全分娩，进而提高母猪生产能力。

提醒预警：通过在智慧养猪管理平台配置母猪妊检周期，系统每 24 h 对处于妊娠期的母猪进行轮询监测，当监测到母猪满足妊检条件后，系统自动对母猪信息进行汇总，并将预警数据推送到养殖人员手持终端上。

任务工单：对于需要妊检的母猪，系统会根据母猪所属圈舍，自动生成任务工单，并将任务工单推送到相应圈舍负责人和养殖人员的手持终端中，工作人员在工单页中可查看所有待办任务。

妊检：养殖人员在“查情孕检”功能中可查看全部待查情母猪的电子耳号以及所在圈舍、栏位信息，完成妊检后，点击“一键妊检”按钮可完成妊检操作。

妊检异常：若在孕检过程中发现异常情况，进入妊检异常登记功能，使用手持终端扫描异常母猪电子耳标，选择异常妊检结果即可完成异常记录登记。登记完成后，养殖人员可将异常母猪赶入配种栏，等待复检。

第十章　泌乳母猪标准化养殖

第一节　泌乳母猪饲养目标

泌乳期是母猪繁殖周期中最为关键的一个阶段。在这个阶段，母猪不仅要维持自身营养需要，还要分泌大量的乳汁供仔猪生长发育，并储存体组织为下个繁殖周期做准备。因此，饲养泌乳母猪的目标，是提高母猪的泌乳能力，做到仔猪断奶重及存活率最大化，保证母猪的正常繁殖体况。泌乳母猪具体生产目标包括：在平均 21 d 的哺乳期，母猪哺乳失重小于 10 kg，背膘损失小于 4 mm。断奶时，母猪 P2 点背膘厚 17~19 mm，断奶体况 2. 5~3. 0 分。

第二节　母猪临产征兆及分娩过程

一、母猪临产征兆

母猪在分娩前会发生一系列的变化，表现在乳房、外阴和行为上，可根据这些变化做好接产准备。

1. 乳房

（1）在分娩前 4~5 d，母猪的乳房明显膨大，两侧乳头向外扩张，并且颜色潮红发亮，用手触有热感。

（2）如果靠前的乳头可以挤出乳汁，则 24 h 内会产仔。

（3）如果中间的乳头可以挤出乳汁，则一般 12 h 内产仔。

（4）如果最后的乳头可以挤出乳汁，则 3~6 h 即可产仔。

2. 外阴

在临产前母猪的外阴也有明显的变化，在分娩前 1 d，母猪的阴门变得肿大而松弛，颜色呈紫色。

3. 行为

在分娩前 6~10 h，母猪会卧立不安，衔草絮窝。在分娩前的 1~2 h，母猪会表现为精神极度紧张不安，呼吸变得急促，摆尾来回走动，侧窝并且全身努责，即将产仔。若发现有羊水流出，应尽快做好接产准备。

二、分娩过程

（一）胎儿的产式

猪有两个子宫角，仔猪从子宫颈端顺序产出，60%的仔猪是头位，尾位可能是由于胎儿在产出时进入另一侧子宫角，随后以相反的产式排出所致。产式无论是头位或尾位均为顺产，不至于造成难产。

（二）分娩阶段

分娩可分为准备阶段、产出胎儿、排出胎盘及子宫复原4个阶段。

1. 准备阶段

分娩前几天孕酮浓度下降，雌激素浓度上升，促进松弛激素分泌，使耻骨韧带松弛，产道变宽，子宫颈扩张。催产素分泌刺激子宫平滑肌收缩，迫使胎儿推向已松弛的子宫颈，促进子宫颈再扩张。在准备初期，子宫以每15 min左右周期性地收缩1次，每次收缩维持时间约20 s。随着时间的推移，收缩的频率、强度和持续时间增加。在准备阶段开始后不久，大部分胎盘和子宫的联系被破坏而脱离。准备阶段结束时，子宫和阴道形成一个开放性的通道，促使胎儿被迫进入骨盆入口，尿囊绒毛就在此处破裂，尿囊液顺着阴道流出体外，整个准备阶段需2~6 h，超过6~12 h，会造成分娩困难。

2. 产出胎儿

胎儿进入骨盆入口，引起膈肌和腹肌的反射性和随意性收缩，使腹腔内压升高。这种压力的升高伴随着子宫的收缩，迫使胎儿通过外阴排出体外。母猪正常产出胎儿的时间为2~4 h，最快也有1 h就完成胎儿产出的情况，也存在持续8 h的情况。产仔间隔一般为5~20 min，但在产第1头和第2头之间间隔时间较长（30~45 min）。通常母猪可以自行完成产仔，但是有时也会出现难产的现象，如果产仔间隔超过20 min，有难产可能。

3. 排出胎盘

一般正常分娩结束10~60 min内胎盘排出。猪每个子宫角内胎囊的绒毛膜凸端连入另一绒毛膜的凹端，彼此粘连形成管状，分娩结束后一个子宫角的各个胎膜一起排出来。

4. 子宫复原

产后的几周内，子宫的收缩比正常更为频繁，在第1天内大约每3 min收缩1次，以后3~4 d子宫收缩渐减少到10~12 min收缩1次，收缩结束，引起子宫肌细胞的距离缩短，子宫体复原约需10 d，但子宫颈的回缩比子宫体慢，到第3周末期才完成复原。发情配种而未孕的子宫角几乎完全回缩到原状，而孕后的子宫角和子宫颈复原后仍比原来要大。

第三节　母猪的泌乳规律以及影响因素

一、乳房的结构

母猪乳房的数量通常有5~8对，最多有11对。母猪每一个乳房由于深筋膜的包裹是完全分开的，因此在结构和机能上都是完全独立的，任何一个乳房的结构和机能障碍不会影响到其他乳房。

母猪乳房主要有2种组织，腺体组织以及由纤维结缔组织和脂肪组织构成的间质。母猪乳房腺体组织实质属复管泡状腺，由分泌部和导管部构成，乳腺分泌部以输乳管的形式通向乳头，前4对乳房的乳头绝大多数有2~3个输乳管，后部乳头绝大多数只有1个输乳管，部分母猪最后1对乳腺的输乳管发育不全或没有输乳管。

母猪乳腺内乳池很不发达或缺乳池，不能将产生的乳汁储存在乳池中，母猪的乳汁主要是储存在腺泡中而形成腺泡乳，不能随时排乳。

二、乳的分泌

乳的分泌包括引起泌乳和维持泌乳2个过程。母猪分娩以后，孕酮水平下降，催乳激素迅速释放，并对乳的生成产生强烈的促进作用，于是引起泌乳。以后血液中含有一定水平的催乳激素，才能维持泌乳。催乳激素的分泌是一种反射活动，引起这种反射的主要因素是仔猪哺乳对乳房的刺激。催乳激素进入血液到达乳腺，进而促进肌上皮细胞收缩使“腺泡乳释放”进入输乳管，乳汁经仔猪吸吮而被移除。

三、乳的成分

猪乳中包含乳脂、乳蛋白、乳糖、维生素、矿物质、白细胞和激素等。在整个泌乳期，母猪乳成分处于一个动态的变化过程。根据猪乳成分的变化和泌乳阶段，可将猪乳分为初乳和常乳。一般认为，猪的初乳期为分娩后24 h。母猪初乳和常乳的组成有较大差异（表10-1）。初乳干物质的含量很高，仔猪吮乳频繁，缓和了新生仔猪胃肠容积小，而又需要高能、高营养的矛盾。母猪初乳中蛋白水平高达18%，主要原因是富含免疫球蛋白，免疫球蛋白G是初乳中的主要免疫球蛋白，对提高仔猪免疫力，保护仔猪肠道健康具有重要作用。而与初乳相比，常乳具有更高的脂肪和乳糖水平。

表 10-1 母猪初乳、过渡乳和常乳中的营养物质含量

营养物质	初乳			过渡乳		常乳
	0 h	12 h	24 h	36 h	72 h	17 d
脂肪（g/100 g）	5.1	5.3	6.9	9.1	9.8	8.2
蛋白质（g/100 g）	17.7	12.2	8.6	7.3	6.1	4.7
乳糖（g/100 g）	3.5	4.0	4.4	4.6	4.8	5.1
干物质（g/100 g）	27.3	22.4	20.6	21.4	21.2	18.9
能量（kJ/100 g）	260	276	346	435	468	409

四、母猪泌乳量

整个泌乳期内泌乳量呈曲线变化，从产后第 5 天起开始上升，3 周左右达到高峰，以后逐渐下降。母猪泌乳高峰期平均日泌乳量为（9.23±0.14）kg，且泌乳高峰平均在（18.7±1.06）d。

由于母猪不同顺序的乳腺泌乳量不同，其中靠前的 3～4 对乳腺泌乳量高，靠后的乳腺的泌乳量低，这与乳腺发育程度有关。

母猪每次哺乳的持续期非常短，通常 20 s 左右。母猪哺乳次数和哺乳间隔时间随产后天数的增加而减少。产后最初几天内，哺乳间隔时间约 50 min，昼夜哺乳次数为 24～25 次；产后 3 周左右，哺乳间隔时间 1～2 h，昼夜哺乳次数为 10～12 次。每次哺乳持续的时间则在 3 周内从 20 s 逐渐减少为 10 s 后保持基本恒定。

五、影响泌乳量的主要因素

影响母猪泌乳量的因素有很多，包括母猪品种、体重和胎次、带仔数、营养水平、猪舍环境等，只有将各种影响因素的负面效应降到最低，才能使母猪获得最佳的泌乳性能。

1. 母猪体重

通常体型较大的母猪泌乳能力强，因为其可动员的体蛋白或体脂相对更多且采食量也要比体型小的更高。

2. 母猪胎次

母猪的泌乳性能随分娩胎次的增加而提高。一般情况下，初产母猪的泌乳能力较经产母猪差，初产母猪的泌乳量是经产母猪的 75%～78%。随着胎次的增加，泌乳量上升，以后保持一定水平，6~7 胎后有下降趋势。

3. 母猪带仔数

母猪带仔头数与其泌乳量呈正相关，带仔头数多其泌乳量高（表 10-2），泌乳早期尤其明显。因为母猪乳的分泌是通过仔猪对乳头的拱撞，刺激催乳激素分泌而引起排乳

反射。所以在实际生产过程中，仔猪通常固定乳头吮吸，没有被吸吮的乳头，在母猪分娩后就会出现萎缩现象，从而丧失产乳功能。因此，应尽量利用有效乳头，增加母猪的带仔数量，这样可以进一步提高母猪的泌乳能力。

表 10-2　带仔数与母猪泌乳量之间的关系

带仔数量/头	泌乳量（kg/d）	仔猪日吸乳量（kg/头）
6	5.0~6.0	1.0
8	6.0~7.0	0.9
10	7.0~8.0	0.8
12	8.0~9.0	0.7

4. 母猪营养水平

母猪的营养水平是控制母猪泌乳的关键因素，对母猪的泌乳量起决定性作用。研究表明，高产母猪将其摄入饲料总能的75%以及90%的氨基酸用于泌乳。母猪营养水平包括母猪采食量和日粮营养物质浓度，母猪泌乳期采食量越高，泌乳日粮营养物质含量越充分，越能满足母猪泌乳期的营养需要。母猪的营养得到满足才能保证其泌乳性能充分发挥，进而保证哺乳仔猪的正常生长和发育。如果母猪泌乳期间营养不足，就会动用母猪自身的脂肪储备，对母猪的生长不利，直接影响母猪以后的繁殖性能。

5. 猪舍环境

舍内温度过高或过低均对母猪泌乳不利。舍内温度控制在18~22 ℃，母猪泌乳性能最佳。舍内温度25 ℃是泌乳性能发挥的临界温度，舍内温度超过28 ℃时，母猪则会产生热应激。在高温条件下母猪泌乳性能的降低与采食量降低有关，当哺乳舍温度在18~29 ℃时，母猪的采食量将由每天的5.67 kg降到3.08 kg。高温也会影响母猪的正常新陈代谢，造成内分泌失调，从而增加产后炎症的发生，导致母猪发热，造成产乳量降低或者出现无乳现象。在低温条件下时母猪的采食量虽会增加，但日粮中大部分能量并非用于提高母猪泌乳性能而是用于产热。此外，猪舍内应保持安静，喧闹和惊扰都能使泌乳量下降。

第四节　泌乳母猪标准化养殖流程

一、泌乳母猪日常操作流程

（1）环境监测：检查环境控制系统运行情况并做相应调整，记录舍内温度、湿度和空气质量，每天早中晚各进行1次。泌乳母猪舍适宜温度18~22 ℃，湿度最好为60%~70%。

（2）巡栏：查看猪群整体情况，按泌乳母猪和哺乳仔猪伤病猪识别标准巡栏。

（3）饮水器检查：检查有无堵塞、缺损、漏水等，水压是否正常。

（4）投料：按泌乳母猪的饲养方案进行，注意清理料槽。

（5）分娩过程管理：按同期分娩和接产标准操作流程进行。

（6）母猪护理：按母猪护理标准操作流程进行。

（7）仔猪管理：见第十一章哺乳仔猪标准化养殖。

（8）疫苗注射：协助兽医进行免疫注射，注意观察免疫后的情况。

（9）断奶管理：按断奶管理标准操作流程进行。

（10）伤病猪处理：及时处理巡栏发现的伤病猪，如有疑问，请教兽医。

（11）死猪和胎衣处理：按病死猪及胎衣转运流程进行。

（12）卫生管理：按舍内卫生管理流程清理栏舍卫生，更换消毒池、消毒桶内消毒液。

二、分娩过程管理

分娩过程管理工作开展的是否顺利对于母猪和仔猪的健康、仔猪的成活率等都影响很大。母猪通常可以自行完成产仔，但是有时也会出现难产的现象，接产人员要在旁边做好监控，一旦发生难产，要根据实际情况科学助产，使胎儿顺利产出，若接产不当，则会导致胎儿长期滞留腹中，易发生窒息死亡，即使存活也会出现活力下降。

（一）同期分娩标准操作流程

同期分娩是指使用外源激素模拟母体发动分娩时体内激素的变化，人为干预母猪的分娩进程，诱导母猪在预定时间内集中分娩。由于同期分娩可使猪场实现计划生产，这样不仅可加强母猪的分娩过程管理，而且可集中进行新生仔猪护理和寄养，减少仔猪死亡的发生，有利于优化猪场的生产管理和工作流程。同期分娩标准操作流程如下。

1. 诱导药物

前列腺素类激素，如氨基丁三醇前列腺素 F2α（律胎素）、氯前列醇钠等。

2. 诱导时间

基于本批次待产母猪的平均妊娠期，选择合理诱导分娩时间，一般应不早于预产期前 2 d。建议经产母猪预产期前 1 d 注射，后备母猪根据实际情况预产期当天注射。

3. 用具准备

诱导药物（律胎素等）、注射器、一次性手套。

4. 操作过程

（1）检查母猪的乳房，有乳汁分泌则不需诱导分娩。

（2）工作人员戴一次性手套。

（3）注射器抽取律胎素 2 mL（10 mg），注射入母猪外阴基部肌肉组织。

（4）每注射一次换一个针头，针头规格为 7 号、长度为 13 mm。

（5）重复以上步骤，直到所有合格的母猪都注射过律胎素。

（6）按照治疗用具及废弃物处理流程处理手套、空药瓶、注射器及针头。

（7）记录已注射的母猪信息。

5. 注意事项

（1）前列腺素类激素可诱导流产及急性支气管痉挛，妊娠妇女、患有哮喘及其他呼吸道疾病的人员不应进行操作。

（2）前列腺素类激素易通过皮肤吸收，操作时应佩戴一次性手套，不慎接触后应立即用肥皂和水进行清洗。

（3）前列腺素类药物不能与非类固醇类抗炎药同时应用。

（二）接产标准操作流程

1. 分娩栏准备

清理分娩栏后部漏缝地板上的粪便。红外线灯、电加热板各种设施设备正常运行，仔猪保温区 35~38 ℃。

2. 工具准备

碘酒、消毒液、结扎线、剪刀、密斯陀粉、一次性长臂手套、专用润滑剂、手表等。

3. 母猪准备

清洗母猪臀部、乳房。

4. 人员准备

需要工作人员 2 名。要求有经验，能掌握接产操作规范。了解本批次待产母猪情况，特别关注 5 胎以上、曾经产过死胎、窝产仔数较多（12 头或更多）的母猪。

5. 操作过程

（1）当羊水破裂时频繁地观察母猪，安静地照料并将干扰降到最低。

（2）仔猪娩出后，如果脐带还未脱离胎盘，一手拖住仔猪，一手抓住脐带拉出。

（3）使用毛巾清除口鼻处黏液，清除胎膜，使用密斯陀粉进行干燥。

（4）如果仔猪呼吸正常，不需要救助，则立即进行脐带处理（见脐带处理标准操作流程）。

（5）如果仔猪假死或呼吸不畅，立即进行救助（见假死仔猪救助标准操作流程），然后再进行脐带处理。

（6）放置于保温灯下进一步干燥，干燥处理后第一时间让仔猪吃上初乳。

（7）标记出生前 6 头仔猪，便于后期做分批哺乳、调群寄养。

（8）若母猪产仔数小于 6 头，每次检查时按摩其乳房 30~45 s。

（9）当产仔间隔 20 min 以上（前一头仔猪已干燥）但无难产迹象时，通过抚摸母猪乳房 30~45 s 等方式刺激母猪娩出仔猪，有难产迹象时及时助产（见人工助产标准操作流程和催产素使用标准操作流程）。

（10）若仔猪在不安全区域，将其放在分娩栏内保温灯下。

（11）若有后肢开张（八字腿）仔猪要及时救助（见后肢开张仔猪护理标准操作流程）。

（12）若有出生较晚或初生重较小的弱仔，可执行人工哺乳（见人工哺乳标准操作流程）。

（13）若产仔数超过 12 头，可执行分批哺乳（见分批哺乳标准操作流程）。

（14）记录产仔时间、产仔头数和出现的各种问题。

（15）持续关注直到产仔完成，确保胎衣完全排出。

（三）脐带处理标准操作流程

1. 工具准备

碘酒、结扎线、剪刀等。

2. 人员准备

需要工作人员 1 名。要求有经验，能掌握脐带处理操作规范。

3. 结扎法标准操作流程（图 10-1）

（1）用消过毒的结扎线距腹部 2~3 cm 处结扎。

（2）用消过毒并且锋利的剪刀在结扎线绳之下 1 cm 剪断脐带。

（3）确保所留脐带总长为 3~5 cm。

（4）在脐带断口处涂碘酊。

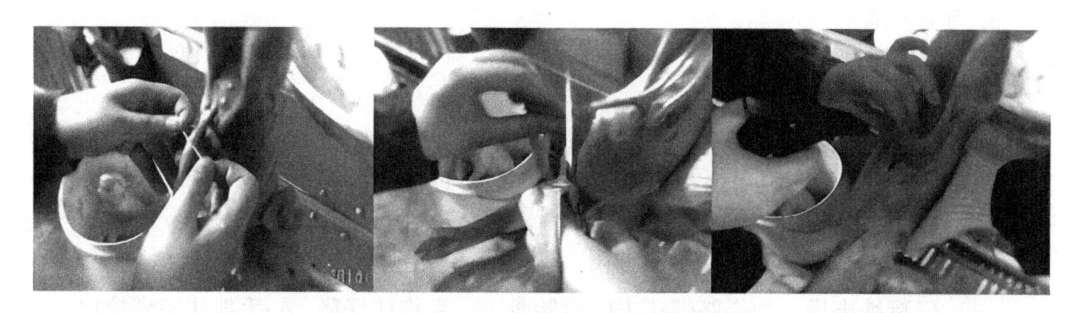

图 10-1　结扎法标准操作流程

4. 捏压法标准操作流程（图 10-2）

（1）用力捏住脐带根部约 30 s，确保脐带不会出血。

（2）用消过毒并且锋利的剪刀在距腹部 7~8 cm 处剪断。

（3）在脐带断口处涂碘酊。

5. 注意事项

（1）断脐过程要严格注意卫生，所用工具事先都要消毒。

（2）断脐的剪刀要锋利，如果损坏，要及时更换。

（3）每处理完 1 头仔猪，剪刀都要浸入消毒液消毒。

（4）用结扎线结扎时，力度要适中，既不能勒断脐带，也不能让脐带流血。

（5）处理完脐带后，要随时观察是否有出血。

（6）如果出现脐带出血要及时处理，防止仔猪失血过多。

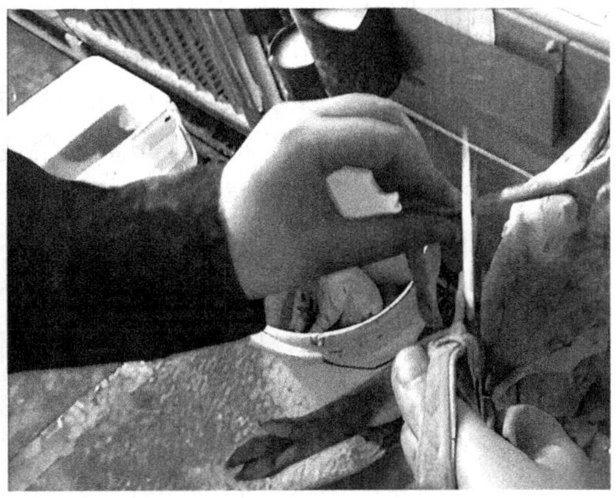

图 10-2　捏压法标准操作流程

（四）假死仔猪救助标准操作流程

1. 假死仔猪辨别

产出的仔猪呼吸微弱，但心跳并没有停止，用手捏住脐带根部，能感觉到脐带搏动。

2. 标准操作流程（图 10-3）

（1）迅速将仔猪口鼻处黏液擦干净。

（2）倒提仔猪后腿，促使黏液从口腔排出。

（3）可拍打仔猪背部，刺激其呼吸。

（4）可在仔猪鼻子喷涂酒精等刺激性物质刺激其呼吸。

（5）可进行人工辅助呼吸：一手托住仔猪的肩部，另一手托着仔猪的臀部，使仔猪的四肢朝上，然后一屈一伸反复进行，直到仔猪发出叫声为止。

图 10-3　假死仔猪救助过程

（五）人工助产标准操作流程

1. 难产原因

子宫收缩乏力占猪难产原因的大多数，其他原因包括胎儿胎位不正、产道阻塞、子宫位置偏差、胎儿和骨盆大小不相称以及母体过于兴奋。根据难产原因，可分为产力性难产、产道性难产、胎儿性难产和其他 4 种。

（1）产力性难产主要是子宫收缩微弱引起的，妊娠母猪营养不良、疾病、运动不足、激素分泌不足、外界刺激等因素都会造成产力性难产。

（2）产道性难产主要是子宫颈狭窄、阴道及阴门狭窄、骨盆变形及狭窄。

（3）胎儿性难产则常见于胎儿的姿势、位置、方向异常，胎儿过大、畸形或 2 个胎儿同时进入产道等。

（4）其他则是包括母猪产前便秘、父本与母本体型相差明显、母猪感染疾病等因素引起的难产。

2. 难产判断

（1）母猪鼻子干燥，眼圈潮红，努责但无仔猪出生。

（2）努责无力或不明显。

（3）产仔间隔超过 20 min。

（4）产道排出黄色或褐色胎粪。

（5）产出带血的仔猪。

3. 人工助产标准标准操作流程（图 10-4）

（1）工具准备：助产手套、专用润滑剂、接生套索、接产钩、手术刀片等。

（2）人员准备：需要工作人员 1 名。要求有经验，能掌握人工助产操作规范。禁止佩戴戒指、手表等饰品，注意修剪指甲。

（3）工作人员清洗双手并用毛巾擦干。

（4）戴上助产手套，向手套涂抹专用润滑剂。

（5）如果母猪向右侧躺着，则使用右手；如果母猪向左侧躺着，则使用左手。

（6）将拇指和手指合起使手掌呈锥形，轻轻伸入母猪产道内。

（7）触摸到仔猪时，松开手确定仔猪产式。

（8）根据仔猪产式选择不同的助产方法。

（9）如果仔猪为头位，用食指和中指夹住仔猪耳后部，拇指在下巴，让仔猪的头部顶在手掌，在母猪努责的同时往外拉。

（10）如果仔猪为尾位，直接抓住仔猪的后腿，在母猪努责的同时向后拉仔猪；或用食指和中指将仔猪后腿固定在手掌中，在母猪努责的同时向后拉出。

（11）如果仔猪为臀位，用手指轻轻勾住仔猪的跗关节，同时用拇指向前推仔猪的臀部，把仔猪的后腿向外拉，转变成正常尾位，在母猪努责的同时顺势拉出仔猪。

（12）如果仔猪为折叠位，即仔猪的脊柱卡在产道内。先将仔猪向前轻推，同时用手勾住仔猪后腿，将后腿向外拉转变形成臀位。再按臀位处理。如果无法矫正，可能需要剖腹产。

（13）如果 2 头仔猪同时出生，即 2 头仔猪同时出生卡在产道，一头猪头位，另一头猪尾位。先将一头仔猪抓紧，将另一头往后推。在母猪努责时，顺势拉出一头仔猪，随后再拉出另一头仔猪。

（14）如果仔猪太大，徒手难以拉出，可以借助套索等助产工具。

（15）如果拉出仔猪是假死仔猪，按假死仔猪救助标准操作流程处理。

（16）再次检查产道，直到感觉不到其他仔猪。

（17）如果长时间没有仔猪产出，且母猪表现无力，并停止努责，检查产道畅通，可以注射催产素（见催产素使用标准操作流程）。

（18）产仔结束后，如果多次助产则给母猪注射抗生素。

（19）记录助产时间及抗生素注射情况。

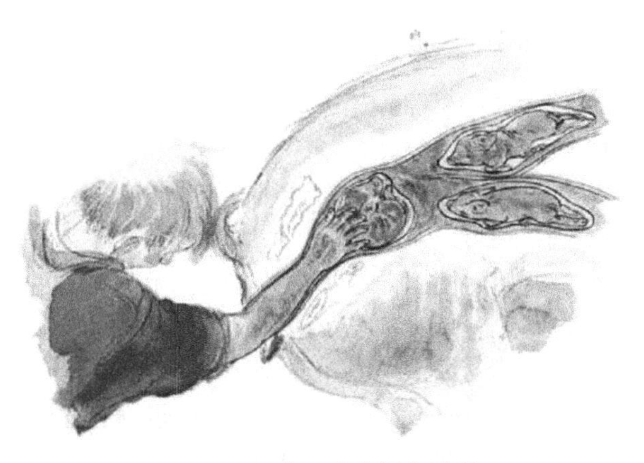

图 10-4　人工助产操作过程

（六）催产素使用标准操作流程

催产素（缩宫素）对子宫平滑肌有选择性兴奋作用。小剂量可加强子宫平滑肌的节律收缩，使其收缩力加强，收缩频率加快，收缩性质与自然分娩类似，用于难产时催产；大剂量可使子宫平滑肌呈强直性收缩，用于压迫肌纤维间血管，起到防止产后出血、胎衣不下和子宫复原不全，并有促进乳腺导管收缩、加强排乳的作用。生产中，虽然使用催产素可有效地缩短母猪的分娩时间，但是由于子宫收缩频率、幅度的增强，减少了子宫的血流量，降低了子宫的气体交换，使胎儿脐带过早断裂，引起组织缺氧，可致分娩时的仔猪死亡率升高。因此，需严格按照标准操作流程执行。

1. 可使用催产素的情况

（1）母猪娩出 1~2 头仔猪后，判断母猪骨盆大小正常、胎儿大小适度、胎位正常，但子宫收缩无力，母猪长时间努责而不能娩出仔猪，间隔时间超过 45 min 以上。

（2）在人工助产后，进入产道的仔猪已被掏出，判断仍有仔猪待产出时。

（3）母猪分娩结束后 3 h 仍未排出胎衣。

（4）6 胎及以上或产仔超过 10 头的母猪。

2. 操作过程

（1）准备注射器、催产素。

（2）检查催产素产品有效浓度，通常为 10 IU/mL，但也可能为 20 IU/mL。一次注射的量应根据具体使用的催产素有效浓度而定。

（3）按照人工助产标准操作流程进行操作，确保母猪产道内未有待产出的仔猪。

（4）在母猪外阴的褶皱处注射 5 IU 催产素。

（5）保证分娩舍安静，仔细观察母猪子宫收缩并记录产仔情况。

（6）辅助仔猪吮乳，刺激母猪自然分娩催产素。

（7）如果在注射催产素 20 min 后无仔猪产出，再次进行人工助产，检查子宫收缩情况以及产道内有无仔猪。

（8）如果发现产道内没有仔猪，母猪子宫只有轻微收缩，再次注射 5 IU 催产素。

（9）如果发现母猪子宫未收缩，可注射氯化钙注射液，经产母猪 20 mL，初产母猪 15 mL。

（10）注射氯化钙注射液后 15 min 仍没有仔猪娩出，再次注射 10 IU 催产素。

（11）记录人工助产及药物注射具体信息。

（12）如果母猪经过上述处理后仍未完成产仔，询问兽医的意见。

3. 注意事项

（1）母猪临产及分娩开始后使用催产素更为有效，无分娩征兆时使用无效。

（2）产道阻塞、胎位不正、骨盆狭窄及子宫颈尚未开放时，禁止使用催产素。

（3）分娩舍环境嘈杂引起的母猪应激性难产时，使用催产素无效。

（4）对于正常分娩的母猪，应该在最少产出 6 头仔猪以后再使用催产素。

（5）一头母猪分娩全程使用剂量不超过 20 IU。

（6）初产母猪慎用。

（七）后肢开张仔猪护理标准操作流程

如果产出仔猪后肢劈叉，不能站立，呈“犬坐状”，行动困难，说明仔猪是“八字腿”。主要是因为仔猪肌肉未发育成熟或湿滑地板引起的，或者是母猪饲料中有镰刀霉素污染，这些仔猪若得不到救助，会因寻找乳头困难而饥饿致死或被母猪踩死、压死。后肢开张仔猪护理标准操作流程如下（图 10-5）。

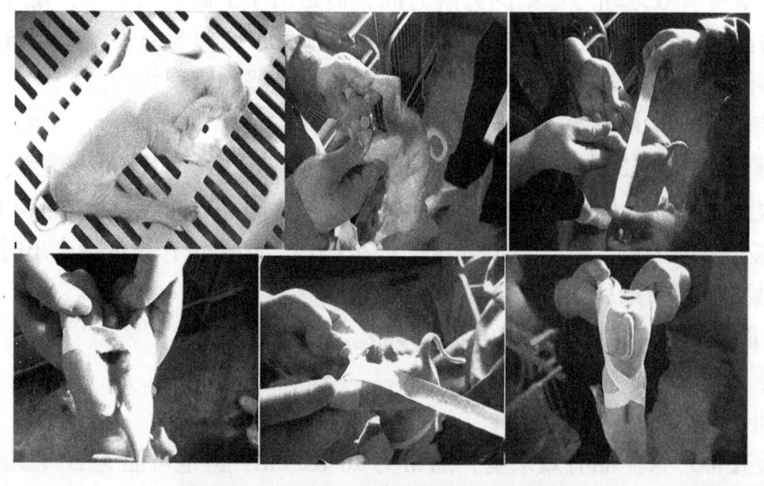

图 10-5　后肢开张仔猪护理操作过程

（1）抓住仔猪两后腿倒提，背部朝向操作者。

（2）用 2~3 cm 宽的胶带缠绕仔猪左后腿跗关节。

（3）两腿之间留出 75 mm 的间隙，再缠绕仔猪右后腿跗关节。

（4）取第 2 根胶带，一端固定从仔猪两腿中间穿过，固定在右后腿跗关节处的胶带上，绕右侧臀部将另一端固定在左侧腹部。

（5）再用第 3 根胶带以相同方法固定另一侧。

（6）完成一个交叉的背带，辅助仔猪后腿站立。

（7）按人工哺乳标准操作流程进行初乳灌喂。

（8）3~4 d 后移除胶带。

（八）人工哺乳标准操作流程

初乳为新生哺乳仔猪提供了几乎全部必需的营养来源，并传递了被动免疫保护及母源的代谢调节信号，对新生仔猪早期的存活和生长发育起着重要的作用。但在实际的养猪生产过程中，新生仔猪强弱明显，弱仔往往出现抢喝不到或抢喝不够初乳而大量死亡的现象。因此，提高弱仔成活率的关键在于解决其初乳供给，人工哺乳是一种可靠的方法，标准操作流程如下。

1. 初乳的采集

母猪处于泌乳阶段时，初乳是很容易采集的。在分娩前、分娩过程中以及分娩结束后均可采集到初乳。

（1）准备 100~150 mL 容器，保证使用前完成清洁、消毒。

（2）工作人员清洗双手。

（3）挑选 3~5 胎龄、乳腺发育良好、安静的母猪。头胎母猪乳腺未完全发育，不便于采集；6 胎以后母猪泌乳性能下降。

（4）在母猪分娩 1~3 头仔猪即可开始收集初乳。

（5）选择母猪前 4 对乳房收集初乳。

（6）收集前用清水擦拭干净母猪乳房。

（7）工作人员蹲跪在分娩栏中，用食指和拇指轻轻地挤压乳头根部，弃去前 2 滴奶水。

（8）每个乳头 10~15 mL，每头经产母猪共移取 80~120 mL 的乳汁。

2. 初乳的喂服

初乳采集之后应当立即给仔猪喂服，尽可能现采现用。实际生产中较为常见的喂服工具主要是去掉针头的注射器。

（1）选取体重小于 1 kg 的仔猪给予喂服。

（2）将初乳放入水浴锅加热至仔猪体温。

（3）小心拿起仔猪，检查胃部是否充盈。

（4）轻轻抬起仔猪头部，将手指放在仔猪舌头上，检查吮吸反射。

（5）将注射器顶部放在仔猪舌尖上，灌入部分初乳，刺激仔猪吮吸反射。

（6）若仔猪吮吸反射强，则让仔猪吮吸注射器中初乳。

(7) 若仔猪吮吸反射不强，则缓慢灌到舌中间，让初乳流入咽喉，刺激吞咽反射。

(8) 可轻轻敲击仔猪喉部，刺激吞咽反射。

(9) 如果初乳从仔猪口中流出，在再次灌喂之前，先让仔猪口中原有初乳全部流出。

(10) 若初乳流入气管，仔猪呛咳窒息，轻拍仔猪全身，促使仔猪吐出过多的初乳，当仔猪恢复后，再开始灌喂。

(11) 尽可能在出生后 6 h 内额外给予 3 次以上的初乳，每次给予 15~20 mL。

(12) 标记灌喂初乳的仔猪。

3. 初乳的保存

(1) 如果不立即使用，封装为 20 mL/头份保存。

(2) 4~8 ℃冰箱中可保存 48 h，冷冻可保存 4 周。

(九) 分批哺乳标准操作流程

分娩后 6 h 内的初乳中抗体蛋白含量最高，在此期间，保证所有出生仔猪喝足初乳可以有效减少仔猪腹泻、减少断奶前死亡率、提高断奶体重及均匀度。经计算每头仔猪至少需要摄入 250 mL 的初乳，而母猪平均产初乳 3 L 左右，对于现代高产母猪来说，很难保证每头仔猪的初乳摄入量，故可采用分批哺乳的方法（图 10-6）。

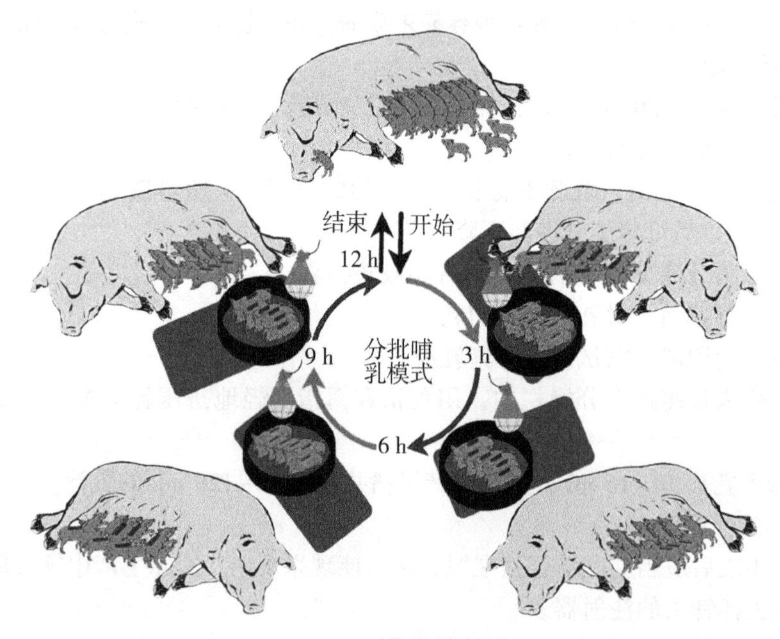

图 10-6　分批哺乳操作

1. 工具准备

可以容纳 6~8 只仔猪的保温箱、标记笔、手表。

2. 操作流程

(1) 将母猪产出的前 6 头仔猪干燥后，放在母猪身边吃初乳，并做好标记。

（2）小心拿起仔猪，检查胃部是否充盈，确保其吃到初乳。

（3）将前 6 头仔猪放入保温箱保温灯下。

（4）假如母猪仍在分娩，至少需留 6 头仔猪吮乳，以刺激母猪释放催产素。

（5）45 min 后放出保温箱中的仔猪进行哺乳，把另一批仔猪放入保育箱中。

（6）分娩后 12 h 内重复以上步骤，保证所有仔猪获得充足的初乳。

（7）若仔猪头数多于母猪有效乳头数，分批哺乳完毕后，将多出的仔猪寄养（见仔猪寄养标准操作流程）到其他母猪圈栏中。

（8）记录分批哺乳的起始及结束时间。

三、母猪护理

（一）分娩前母猪乳房评估

目的在于根据乳房情况确定母猪泌乳带仔能力。评估指标包括乳房颜色和饱满度、乳头间距和长度、有效乳头数。

（1）正常乳房颜色淡粉红色，奶头基部鲜红色。

（2）饱满红润，站立时呈漏斗状，躺卧有凹凸感，用手触摸正常乳房应坚实。

（3）相邻乳头 10~15 cm，两排乳头间距 20~25 cm。

（4）正常乳头长度 1~1.5 cm，挺立，大小适中。

（5）有效乳头数 6~9 对，无内翻、损伤，2 根乳导管正常分泌乳汁。

（二）分娩后母猪乳房护理

母猪在产后极易患乳房炎，当母猪患有乳房炎后，不但会影响到母猪的泌乳能力，使仔猪无法吃到充足的乳汁，还会影响到母猪的健康，因此，要加强母猪乳房的护理工作。注意保持产床的卫生，做好母猪乳房炎的检查工作，如果发现母猪患有乳房炎要停止哺乳，使用抗生素进行治疗。在日常的管理过程中也要避免母猪的乳房受到外伤而影响哺乳。乳房炎和乳房水肿表现与防治如表 10-3 所示。泌乳母猪乳房护理标准操作流程如下。

（1）准备温度计、治疗药物、注射器。

（2）母猪分娩后第 2 天开始每天进行 2 次乳房状况检查。

（3）工作人员触摸乳房周围，并用力挤压乳腺组织，应是坚实的而非坚硬的。

（4）若感到乳房很热，则测量母猪体温，母猪正常体温应是 39 ℃（分娩时可达到 40 ℃），若体温超过 40 ℃，则有炎症。

（5）工作人员一根手指用力按压一侧的乳房，持续 2 s，松开后若留下一个指印，表明母猪患有乳房水肿（积液）。

（6）查看乳房颜色，颜色发红或红点白皮，表明母猪在发烧。

（7）查看母猪眼睛黏膜，若是砖红色，表明母猪可能在发烧。

（8）检查母猪哺乳情况，若拒绝哺乳，表明母猪可能有乳房疾病。

（9）检查母猪采食情况，若食欲不振，表明母猪可能有疾病。

（10）可通过注射抗生素和催产素治疗，治疗方案须经兽医同意。

表 10-3　乳房炎和乳房水肿表现与防治

症状	项目	检查清单
乳房炎	表现	乳头和乳房潮红、乳房肿胀，用手触摸时发硬并局部发烫，伴随发烧（40~41 ℃），转为慢性时基本恢复常温；母猪爬卧，拒绝哺乳，不食或少食；仔猪消瘦、焦躁；乳房可挤出黄绿色水样奶或奶絮，严重时可挤出脓汁（脓性乳房炎）
	诱因	器械损伤、地面粗糙磨损损伤引发感染；仔猪咬伤引发感染；饲喂不当（产后补饲过早），引起乳房乳管堵塞，乳汁积留；环境卫生差、湿度大，细菌感染（链球菌、葡萄球菌、大肠杆菌等）；体内带毒，体内毒素排泄不畅，造成乳房炎
	防治	保持环境卫生干净、干燥，定期对用具及栏舍进行消毒，及时清理粪尿等污物；饲料营养均衡，饲喂合理；及时检修圈舍栏杆，防止乳房外伤的发生；仔猪固定乳头，剪牙以防咬伤母猪乳头而继发感染
乳房水肿	表现	乳房肿块（肿大）；缺乏弹性（手指按压，存在明显痕迹）
	诱因	饲料营养缺乏或不平衡，产前 7~10 d 饲喂水平过高，摄入纤维过少，导致便秘；腹部血液循环障碍
	防治	使用营养均衡饲料，减少母猪便秘；加强饲养管理，保持环境卫生、舒适，减少应激

（三）分娩后母猪子宫护理

母猪难产胎衣不下，子宫迟缓，恶露滞留。人工助产如操作方式、力度不当易导致子宫内膜感染，甚至子宫脱出，部分细菌直接进入子宫并在短时间内大量繁殖而发炎。母猪生产后自身免疫力下降，养殖环境不够卫生，加之不能适量运动，也容易发生子宫炎症。感染子宫炎症后，母猪体温迅速上升、呼吸加快、精神萎靡，有时产道散发恶臭气味，如不及时治疗将对母猪生产性能产生巨大影响。泌乳母猪子宫护理标准操作流程如下。

（1）准备温度计、治疗药物、注射器。

（2）母猪分娩完全结束之后，每小时至少观察 1 次。

（3）正常情况下，胎衣在最后一头仔猪产出后 1~3 h 内排出，少量胎衣在分娩过程中排出，排出的胎衣表面新鲜、没有腐败和特殊气味。

（4）如果胎衣在产后 4 h 未排出，及时向兽医报告。

（5）当胎衣排出时应检查，若有腐败，应测量母猪体温，正常为 39.0~39.8 ℃。

（6）检查母猪采食、饮水是否正常。

（7）检查母猪是否安静，哺乳是否正常。

（8）检查恶露，假如呈浓乳白色或黄色，则可能是患有子宫炎，应测量母猪体温。

（9）查看母猪眼睛黏膜，若是砖红色，表明母猪可能在发烧。

（10）若母猪患有子宫炎，可使用依沙吖啶溶液、氯化钠溶液等冲洗子宫，注射抗生素和前列腺素，治疗方案须经兽医同意。

（11）若母猪患有子宫炎，应同时警惕乳房炎的发生。

四、断奶管理

（一）断奶时间

早期断奶是国内外集约化养猪生产的关键环节之一。由于母猪子宫复原的需要，哺乳行为对催乳激素分泌的刺激作用，抑制了母猪的排卵与垂体激素分泌，在泌乳期母猪一般不会发情。断奶或哺乳行为减少后，母猪血液中催乳激素的水平降低，同时促黄体素和雌激素的水平升高，刺激母猪发情。母猪断奶至发情间隔一般为 3~9 d。母猪产后 20 d，卵巢和子宫已完全恢复，早期断奶不会影响卵巢的排卵率、胚胎着床率和成活率。另外，在母猪哺乳情况下，仔猪对饲料的利用是通过母猪将饲料转化为乳汁，饲料的利用率为 20%~30%，如采取仔猪早期断奶则饲料利用率可达到 50%~60%，提高了饲料的利用率，减轻母猪失重。因此，实施早期断奶缩短母猪繁殖的时间间隔，增加母猪的年产窝数，提高母猪的利用强度。现阶段生产中，通常在仔猪 21 日龄时进行断奶。但近期研究表明，在目前的饲养管理条件及种猪的繁殖能力下，仔猪 24 日龄断奶的母猪下一胎的繁殖成绩好于仔猪 21 日龄断奶的母猪，母猪断奶到下一胎发情间隔不受影响。

（二）断奶标准操作流程

现阶段规模化生猪养殖中最常见的断奶方式是一次性断奶，即通过将仔猪和母猪一次性分离，操作简单，对仔猪的应激较大，因此，要求仔猪体重达到 6.5 kg 以上再实施断奶。

1. 断奶计划

（1）提前了解周/月断奶计划及计划调整情况。

（2）明确断奶日期，母猪平均断奶日龄不能低于 23 d，其中经产母猪不低于 23 d，初产母猪不低于 25 d。

（3）掌握计划断奶母猪头数，区分初产母猪和经产母猪头数。

（4）根据泌乳母猪淘汰原则判断淘汰母猪，做好标记。

（5）根据仔猪寄养母猪选留原则，选留寄养母猪，做好标记。

（6）掌握计划断奶仔猪头数，区分合格仔猪和弱仔头数。

2. 断奶母猪转群标准操作流程

（1）转群时间：根据断奶计划实施。

（2）配种舍准备：按断奶计划准备空栏，预先进行栏位洗消。

（3）工具准备：赶猪板、断奶母猪清单、记号笔等。

（4）人员准备：需要工作人员 2 名。

（5）准备好赶猪通道，移走配种舍限位栏后面的栏杆。确保通道完全无障碍物。做好防滑、防应激准备。

（6）检查分娩舍产床喂料器螺丝钉是否旋紧，如没有，则把它旋紧。

（7）按初产母猪、经产母猪和淘汰母猪的顺序将母猪从栏里放出。

（8）工作人员 A 打分娩舍产床后门。

（9）工作人员 B 用赶猪板挡在猪的前面把猪往后赶。

（10）工作人员 A 用赶猪板驱赶母猪，使其头朝向设置的出口方向，关上产床后门。

（11）重复以上步骤直到放出 3~5 头母猪。

（12）将母猪赶至配种舍限位栏，安上限位栏后面的栏杆。

（13）重复以上步骤完成本批次断奶母猪转群。

（14）检查配种舍限位栏栏杆是否栓紧，饮水器是否工作正常，室内温度是否合适。

（15）记录断奶母猪相关信息。

（16）清洗、消毒通道。

（三）断奶母猪淘汰

1. 泌乳母猪淘汰原则

（1）跛腿母猪。

（2）母性不好，后备母猪首胎咬仔，提前断奶，二胎仍咬仔。

（3）子宫、产道或者肛门脱出。

（4）乳房损伤无法修复且少于 6 对有效乳头。

（5）严重乳房炎、子宫炎且治疗无效。

（6）极差的断奶体况。

2. 淘汰泌乳母猪判断标准操作流程

（1）工具准备：淘汰原则清单、母猪生产记录表、记号笔。

（2）使母猪站立，观察母猪站立是否轻松、舒适，肢蹄有无异常。

（3）检查母猪是否有损伤，是否有生殖道和乳房疾病。

（4）评估母猪体况。

（5）根据母猪生产记录进一步评估。

（6）标记淘汰母猪，记录淘汰原因。

（7）标记抗生素治疗停药期未满母猪。

（四）断奶后管理

哺乳母猪断奶后 7 d 之内，将出现有排卵的正常发情。因此，需合理的饲养管理以促使母猪尽早发情和恢复体况。

1. 健康检查和体况评分

母猪断奶后需对母猪身体状态进行监控，随时观察母猪的精神状态及采食状态，重点观察母猪乳房的肿胀情况与乳汁分泌情况，如果存在异常现象必须及时采取处理措施。合格的断奶母猪体况评分应为2.5~3分。膘情达标母猪，断奶后当天可不喂料，第2天起至发情配种自由采食；膘情不达标母猪应采取补料措施，直至恢复体况再进行催情和配种。

2. 查情工作

母猪一般在断奶后第4~7天发情，90%~95%在断奶后1周内发情。因此，正确的查情和催情工作会降低猪群非生产天数，提高母猪年生产力。操作见发情鉴定标准操作流程。

3. 超期母猪处理

断奶后7 d还未发情为超期母猪。一胎母猪断奶后发情较晚、不合理的查情导致错过了母猪发情期、过长的哺乳期造成断奶母猪营养缺乏、夏季高温导致母猪热应激、繁殖疾病等原因都有可能造成母猪断奶后不发情，其中，断奶后体况差是主要原因。对于超期母猪可先采用移动催情法，将超期母猪更换定位栏并集中排列在一起，8~17 d发情母猪做发情不配种处理。若断奶后18 d还未发情，采用激素催情，肌内注射PG600，7 d内不发情做淘汰处理。具体淘汰原则包括：生产性能不佳的超期母猪；早期断奶母猪超过28 d不发情；断奶后有严重的恶露、子宫炎的母猪；5胎以上的空怀母猪，超过7 d还未发情；断奶后18 d还未发情，注射PG600后7 d内不发情。

第五节 智慧养猪哺乳期操作流程

一、母猪哺乳期智能化提醒预警

智慧养猪管理平台可配置哺乳期各项异常指标或常规检查的预警提醒标准，系统24 h监测所有哺乳期母猪的各项生产数据，当监测到哺乳期母猪生产数据出现异常时，系统自动汇总猪只数据，并实时进行预警提醒，养殖人员手持终端可第一时间接收到智慧养猪管理平台下发的提醒信息。

异常提醒：智慧养猪管理平台综合猪只的历史哺乳记录，对“断奶后超期不发情”“种猪胎次超限”“产仔数较少”等指标进行监测，发现异常后实时提醒养殖人员。

二、智慧养猪哺乳期操作流程

提醒预警：通过在智慧养猪管理平台配置母猪哺乳周期，系统24 h对处于哺乳期的母猪进行轮询监测，当监测到母猪满足上产床、断奶、断奶发情周期条件后，系统自动对母猪信息进行汇总，并将预警数据推送到养殖人员手持终端上。

任务工单：系统会根据母猪所属圈舍，自动生成任务工单，并将任务工单推送到相应圈舍负责人和养殖人员的手持终端中，工作人员在工单页中可查看所有待办任务。

上产床：母猪临产前，系统会自动生成上产床工单，并将工单指派给相应养殖人员，养殖人员将母猪转移至分娩舍，使用手持终端完成母猪转栏操作。

分娩用药：若在分娩周期用药，养殖人员使用手持终端进入“分娩用药”功能，扫描母猪电子耳标，选择药品、给药方式以及用量，完成分娩用药的数据采集。

种猪分娩：养殖人员使用手持终端进入“种猪分娩”功能，扫描分娩母猪的电子耳标后，系统会自动显示当前母猪所在舍栏以及本次分娩健仔数、死胎数、木乃伊数、弱胎数、畸形数、压死数，养殖人员可根据实际生产结果动态调整实际生产数量，同时可修改母猪有效乳头数量，修改每次使用的接产方式。

分娩照护平面图：提供分娩舍实时状态的平面图，哪个栏位已产多少，哪个栏位已完成分娩，哪个栏位难产，哪个栏位需要分批哺乳一目了然。

分娩照护提醒：对于长时间未陪护且未完成分娩的种猪，系统自动生成分娩照护提醒，提醒接产人员进行护理。

仔猪保健：根据任务工单要求，对相应舍的仔猪进行保健，扫描分娩母猪电子耳标，填写疝气仔猪数量、单睾仔猪数量、其他异常仔猪数量，选择仔猪是否腹泻严重等，最终完成仔猪保健。

仔猪寄养：根据任务工单要求，对仔猪做寄养，扫描分娩母猪电子耳标，系统自动显示母猪所在舍栏、有效乳头数量以及当前带仔总数，选择接收仔猪还是寄送仔猪，填写寄养数量，完成仔猪寄养操作。

仔猪死亡：如果发生仔猪死亡事件，扫描分娩母猪电子耳标，系统自动显示该母猪所在舍栏以及仔猪死亡总量，选择仔猪死亡原因以及死亡数量，完成仔猪死亡操作。

仔猪留种：根据任务工单的指示，对相应窝的仔猪做留种处理，扫描分娩母猪电子耳标，系统自动显示母猪所在舍栏信息，输入留种仔猪起始耳号以及耳号数量，系统批量生成指定数量的电子编号，完成仔猪留种操作。

母猪断奶：根据任务工单的指示完成相应舍或相应分区的母猪断奶。可批量扫描需要断奶母猪的电子耳标或母猪所在栏位，若当前分娩舍所有母猪均可断奶，也可扫描猪舍的综合标签，系统会自动识别当前猪舍中的全部分娩母猪编号，点击“保存断奶记录”按钮，即可一键完成母猪断奶操作。

第十一章　哺乳仔猪标准化养殖

第一节　哺乳仔猪饲养目标

哺乳仔猪是指从出生至断奶前的仔猪，这一阶段是仔猪生产的最关键环节。仔猪经过硬产道骨盆和软产道阴道等娩出后，其生存环境发生了根本性变化，从恒温的子宫内环境向变温的养殖环境的转变，从母体供氧向仔猪自主呼吸的转变，从母体供应营养向仔猪自主吮乳消化获取营养的转变。这 3 大转变打破了仔猪在子宫内恒温、无菌、营养和氧气充足的内部环境，再加上仔猪生理上发育不完全，仔猪哺乳期死亡率明显高于其他生理阶段。因此，提高哺乳仔猪成活率和增加仔猪体重是养好哺乳仔猪的关键。哺乳仔猪生产目标包括：21 日龄仔猪断奶重大于 6.5 kg，成活率大于 95%，转保育仔猪合格率大于 94.5%。

第二节　哺乳仔猪生理特点

对哺乳仔猪进行科学的饲养管理需要充分了解其生理特点，仔猪生理特点主要体现在：生长发育快，消化机能较差，体温调节能力差，抗病能力不强，免疫力差，易受到不良环境和不合理饲养管理的影响而死亡。

一、生长发育速度快，物质代谢机能旺盛

虽然哺乳仔猪的初生重较小，但是生长发育速度非常快，在饲养管理良好的情况下，21 日龄断奶体重可达到 6.5 kg，为出生时体重的 5 倍左右。哺乳仔猪生长发育迅速反映了其新陈代谢能力很强，对营养物质的需求量较多，有研究表明，20 日龄的仔猪每增重 1 kg，需要沉积 9~12 g 蛋白质，相当于成年猪的 30~50 倍。因此，营养不良会严重影响哺乳仔猪的生长发育，导致生长缓慢，成为僵猪，甚至死亡。

二、消化器官不发达，消化功能不健全

哺乳仔猪的各器官和机能还处于生长发育的过程中。初生仔猪胃的重量为 4~8 g，约为体重的 0.44%，容积为 30~40 mL。在出生后 1 周内以 25%的比例开始增加，7 日

龄时相对重量达到最大值。20 日龄时胃重约 36 g，容积扩大 50~60 倍，到 3 月龄左右才能发育完善。小肠在哺乳期内也快速生长，出生后 24 h 小肠相对重量已高出出生时 50%，28 日龄时小肠重量达到出生时的 10 倍。绒毛高度降低和宽度不断增加，吸收面积在产后第 10 天时增加 1 倍。

哺乳仔猪消化酶系统也不完善。仔猪在刚出生时，胃底腺不发达，胃中仅有凝乳酶和少量胃蛋白酶，但由于缺乏反射性的胃酸分泌，胃蛋白酶没有活性。碳水化合物分解酶活性很低，蔗糖酶、果糖酶和麦芽糖酶的活性到 1~2 周龄后才开始增强，而淀粉酶活性在 3~4 周龄时才达到高峰，所以 4 周龄以前仔猪对非乳饲料中碳水化合物利用率很低。由于胆汁分泌量低，仔猪消化脂肪的能力同样较差。总的来说，新生仔猪的消化道，只适应于消化母乳中简单的脂肪、蛋白质和碳水化合物，利用饲料中复杂营养成分的能力还有待于发育。

三、缺乏先天免疫力，抗病能力差

初生仔猪不具备先天的免疫力，免疫系统的发育也不够完善。仔猪在 6 周龄时才逐渐由被动免疫向主动免疫过渡，在此之前要想获得免疫力就需要通过吃初乳。另外，仔猪肠道菌群的定植与成熟发生在出生至断奶后的 2 周内，伴随着菌群多样性的逐渐增加以及菌群组成结构的变化。哺乳阶段，仔猪免疫力低下，平衡的肠道微生态环境尚未建立，胃内缺少盐酸，杀菌和抑菌能力较弱，极易受到养殖环境病原微生物的侵害，易感染疾病死亡。

四、体温调节能力差，体内能量贮备有限

仔猪出生时大脑皮层发育不全，垂体和下丘脑的反应能力以及下丘脑所必需的传导结构机能较低，通过神经系统调节体温适应环境应激的能力差，特别是出生后的第 1 天，由于仔猪被毛稀疏、皮下脂肪少，脂肪还不到体重的 1%，保温隔热能力很差。另外，新生仔猪体内的能力贮备也有限，每 100 mL 血液中血糖含量只有 100 mg。低温环境下血糖迅速降低，会出现冷应激，仔猪易出现冻僵、冻死等现象。

五、体内铁贮备少，易患缺铁性贫血

仔猪出生时含铁很少，仅 45~50 mg，只够其 1 周需要。母乳是哺乳仔猪获得铁的唯一来源，但母乳中铁含量很低，母乳中提供的铁只能满足仔猪需要量的 1/10。所以仔猪从 8~12 d 就开始有缺铁现象。仔猪生长发育迅速，每天至少需要 6 mg 铁才能满足正常的生理需要，若不及时补铁，仔猪易出现贫血。

第三节　哺乳仔猪死亡原因

一、哺乳仔猪死亡时间分析

正常饲养管理条件下，哺乳仔猪死亡与仔猪日龄有关。研究表明，哺乳仔猪在3周龄内不同日龄阶段的死亡情况，第1周龄（7日龄）死亡仔猪数占92.8%，第2周龄（14日龄）占4.8%，第3周龄（21日龄）占2.4%。第1周龄中最危险的时期是仔猪出生头3 d，有63.8%的哺乳仔猪死亡（表11-1）。

表11-1　哺乳仔猪死亡日龄

项目	1 d	2 d	3 d	4 d	5 d	6 d	7 d	14 d	21 d
死亡率（%）	24.0	21.1	18.7	13.3	8.6	7.1	92.8	4.8	2.4

二、哺乳仔猪死亡原因

（一）母猪因素

母猪的遗传性状、年龄、胎次、窝产仔数、营养状况、配种方式、免疫情况、疾病以及行为因素等都会影响哺乳仔猪的初生重、生长发育、存活率等指标。研究发现，1~8胎次母猪的繁殖性能往往呈现“中间高、两边低”的状况，相应的哺乳仔猪存活率也呈现类似状况，这与不同时期母猪的生产经验、身体发育状况有一定关系。当窝产仔数从11~12头增加到13~16头时，哺乳仔猪死亡率几乎增加了2倍。妊娠后期补充肌酸、膳食纤维可以降低母猪便秘风险，缩短母猪分娩时间，有效降低哺乳仔猪死亡率。另外，妊娠母猪免疫状况较差会导致母体免疫球蛋白降低，使哺乳仔猪死亡率升高。

（二）仔猪因素

1. 仔猪初生重

初生重对哺乳仔猪死亡率起决定性作用。仔猪体重过低时体内的糖原储存不足，且体表与体积的比例大，难以应对环境温度变化。另外，初生重低的仔猪在对初乳的竞争中处于劣势地位，对于初乳中营养物质及抗体的获取不足，增加了被母猪压死的风险，导致其死亡率更高。出生体重较低的仔猪（< 1.05 kg）断奶前死亡率为19.0%，中等出生体重仔猪（1.06~1.33 kg）断奶前死亡率为6.3%，以及高出生体重仔猪（≥1.33 kg）断奶前死亡率为2.1%。

2. 仔猪初乳摄入量

初生仔猪不具备先天免疫力，必须通过吃初乳获得免疫力（图 11-1）。1~3 日龄新生仔猪吃足初乳可以增强体质，提高免疫力，获得母源抗体的保护，从而降低病死率。当仔猪摄入的初乳量超过 200 g 时，死亡率可低至 7. 1%；而当摄入的初乳量不足 200 g 时，死亡率则增加至 43. 4%。

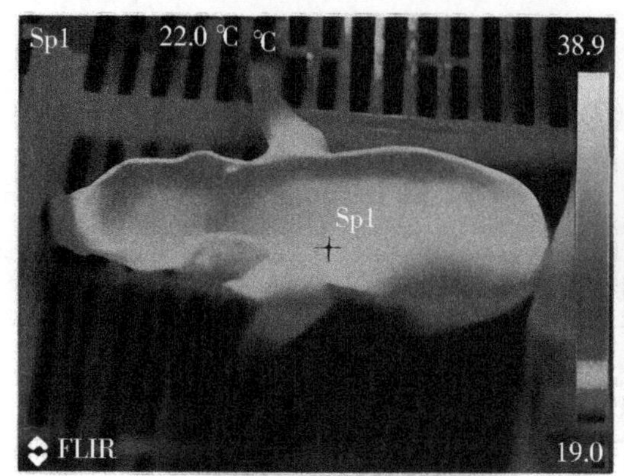

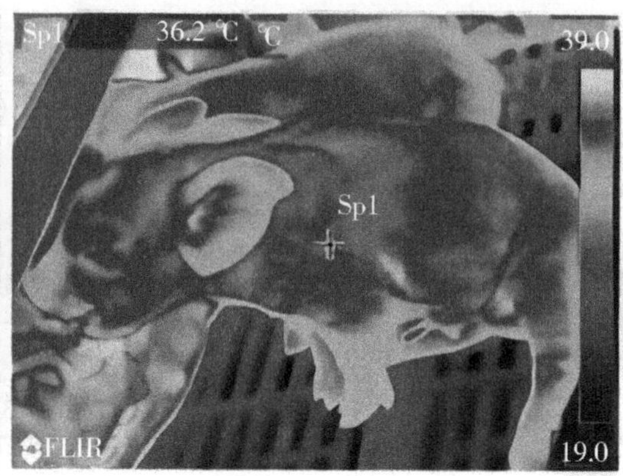

图 11-1　未吃足初乳仔猪（左），吃足初乳仔猪（右）

（三）管理性因素

1. 分娩与接产因素

分娩过程中仔猪窒息、死亡、损伤，或由于接产操作失误导致仔猪感染、发炎以及后期脐带出血。母猪产床、仔猪保暖箱等设备设计不合理常导致仔猪压死、冻死、饿死。

2. 营养性因素

哺乳仔猪体弱，吃不到奶或母猪缺乳、无乳时，未及时进行人工代哺或寄养，哺乳仔猪不能得到足够的营养，有可能被饿死。微量元素摄入不足导致的仔猪低血糖、缺铁性贫血等营养代谢病，开食过早或不当常导致胃肠道消化障碍。

3. 环境性因素

猪舍温度、湿度不适均易引起仔猪发病或死亡。仔猪出生后如不进行人工保温，仔猪虚弱无活力，初乳吮食量下降至正常仔猪的 2/3 以下，抗病能力明显降低，极易导致仔猪腹泻。相反，环境温度高时，哺乳母猪的采食量和泌乳量下降，造成仔猪营养性腹泻；其次，母猪滴水降温，使得产床周边湿度较高，同样容易引发仔猪腹泻，仔猪死亡率增加。

4. 免疫性因素

疫苗使用不当、疫苗不合格、免疫程序不合理均可导致哺乳仔猪不能获得足够的抗体。有时疫苗产生的抗体甚至与母源抗体互相干扰，影响免疫效果。

5. 伤害性因素

伤害性因素主要包括压死、母猪的攻击以及仔猪的互相攻击。这些伤害与母猪初产、仔猪弱小、舍温低、营养不足及环境因素等存在一定关系，但主要与管理疏忽以及栏舍设置不合理有关。

（四）疾病性因素

1. 细菌性传染病

细菌性传染性疾病主要包括仔猪梭菌性肠炎、猪大肠杆菌病、猪支原体性肺炎、猪副嗜血杆菌病、猪痢疾等。由 C 型产气荚膜梭菌感染所导致的仔猪梭菌性肠炎和由致病性大肠杆菌感染导致的仔猪黄白痢与仔猪水肿病是哺乳仔猪常见的细菌性疾病。仔猪梭菌性肠炎主要侵害 1~3 日龄仔猪，产后 1 周多发；仔猪黄白痢主要导致 1~30 日龄仔猪发病；仔猪水肿病主要在仔猪断奶后 2 周内发生。另外，由于母猪感染链球菌、葡萄球菌引发乳腺炎、子宫内膜炎以及仔猪沙门氏菌感染等都可导致哺乳仔猪发病死亡。

2. 病毒性传染病

病毒性传染疾病主要包括猪传染性胃肠炎、猪流行性腹泻、猪伪狂犬病、猪瘟、猪蓝耳病等。用传统的抗生素治疗病毒感染引起的腹泻往往无效，一旦感染就会导致较高的死亡率，疫苗预防非常重要。

3. 寄生虫感染

哺乳仔猪主要感染猪小袋纤毛虫、猪蛔虫、猪球虫等。单独的寄生虫感染导致哺乳仔猪死亡的情况并不是很严重，但治疗不及时且与细菌和病毒混合感染将会导致哺乳仔猪发病死亡。

三、哺乳仔猪异常行为监控

智慧养猪管理平台通过部署于养殖场的 AI 测温系统可以精准测量和收集猪只体温数据，对异常猪只进行报警并跟踪记录。

低温预警：部署于养殖场的 AI 测温系统通过 AI 视觉图像分析技术对猪只个体进行识别，同时采用红外测温对仔猪体温进行测量，若发现存在低温个体，说明仔猪可能已经死亡，系统将异常数据实时推送到养殖人员手持终端，养殖人员进行单独观察和确认。

高温预警：部署于养殖场的 AI 测温系统通过 AI 视觉图像分析技术和红外测温技术 24 h 对仔猪的体温进行监测，若发现仔猪出现发热症状，第一时间将异常情况推送到养殖人员的手持终端中，以便及时处理异常。

第四节 哺乳仔猪标准化养殖流程

在哺乳期应当按照仔猪的生长发育特点采取相应的饲养管理方式，这样才能够在断乳时达到较高的成活率和断乳体重，也有利于仔猪后期的生长发育。

一、哺乳期仔猪管理流程

哺乳期仔猪管理时间轴如图 11-2 所示。

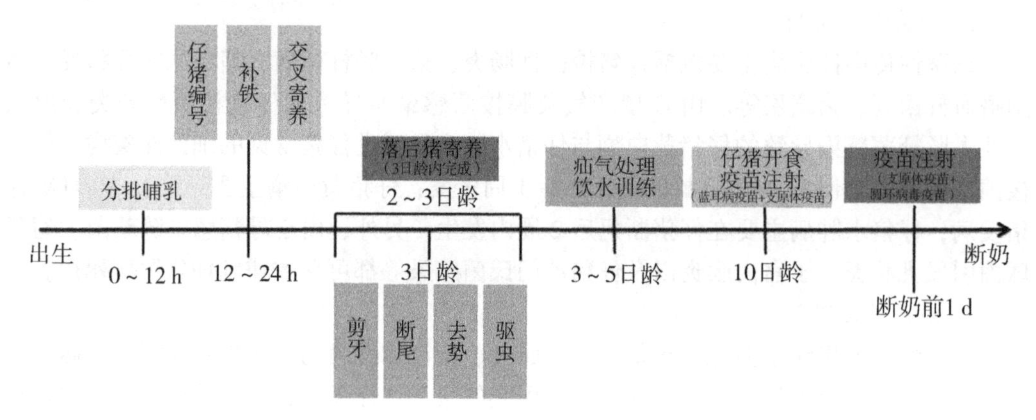

图 11-2　哺乳期仔猪管理时间轴

1. 仔猪出生 12 h 内

仔猪出生干燥后立即放到母猪身边吃初乳。

为保证每头仔猪的初乳摄入量，做好固定乳头的工作。以仔猪自选为主，人工控制为辅，让弱小的仔猪固定靠前的乳头哺乳。

对出生较晚或初生重较小的弱仔，可执行人工哺乳（见人工哺乳标准操作流程）。

在母猪产仔数超过 12 头，可执行分批哺乳（见分批哺乳标准操作流程）。

2. 仔猪出生 12~24 h 内

仔猪编号：见仔猪编号标准操作流程。

仔猪补铁：见仔猪补铁标准操作流程。

交叉寄养：见交叉寄养标准操作流程。

3. 仔猪 3 日龄

仔猪剪牙：见仔猪剪牙标准操作流程。

仔猪断尾：见仔猪断尾标准操作流程。

仔猪去势：见仔猪去势标准操作流程。

仔猪驱虫：见仔猪驱虫标准操作流程。

落后仔猪寄养：见落后仔猪寄养标准操作流程。

4. 仔猪 3~5 日龄

疝气仔猪处理：见疝气仔猪处理标准操作流程。

饮水训练：在产床仔猪活动区内安装自动饮水碗，安装高度比仔猪肩高 5～10 cm，确保仔猪的饮水量。

5. 仔猪 10 日龄

仔猪开食：见仔猪开食标准操作流程。

仔猪免疫：注射呼吸与繁殖障碍综合征疫苗和支原体疫苗。

6. 仔猪断奶前 1 天

仔猪免疫：注射支原体疫苗和圆环病毒疫苗。

二、仔猪编号标准操作流程

仔猪编号的目的在于记录仔猪的来源、血缘关系以及掌握仔猪出生及各个阶段的生长发育状况和母猪生产能力。

（一）编号原则

1. 种猪

根据《全国种猪遗传评估方案（试行）》规定，个体号（ID）实行全国统一的种猪编号系统，该系统由 15 位字母和数字组成。

前 2 位用英文字母表示品种：DD 表示杜洛克猪，LL 表示长白猪，YY 表示大白猪，HH 表示汉普夏猪，二元杂交母猪用父系+母系的第 1 个字母表示，如长大杂交母猪用 LY 表示。

第 3~6 位用英文字母表示场号，由农业农村部统一认定。

第 7 位用数字或英文字母表示分场号（先用 1~9，然后用 A~Z，无分场的种猪场用 1）。

第 8~9 位用数字表示个体出生时的年度。

第 10~13 位用数字表示场内窝序号。

第 14~15 位用数字表示窝内个体号。

例如 DDXXXX218000101，即表示 XXXX 场第 2 分场 2018 年第 1 窝出生的第 1 头杜洛克纯种猪。

2. 商品猪

商品场根据生产周数+窝号给仔猪编号。

（二）编号方法

1. 耳缺编号法

该方法是用耳号钳按照一定的规律，在猪左、右耳朵的上、下缘打上缺口，每一缺口代表某一数字，其总和即为仔猪的个体号。耳缺法表示位数有限，一般为 4 位数（图 11-3）。标准操作流程如下。

（1）耳号表示方法：猪场内使用一个统一的表示方法，防止耳号混乱。一般耳尖一缺为 3，耳根一缺为 1，中间一缺为 9，不打为 0；右耳上缘为千位，下缘为个位，左耳上缘为百位，下缘为十位。

（2）工具准备：耳缺钳、碘酒、记号笔、保温箱等。检查耳缺钳是否锋利，如有损坏及时更换；检查耳缺钳是否干净，需经热水浸泡、清洗、消毒后方可使用。

（3）人员准备：需工作人员 1 名，能掌握耳号表示方法。

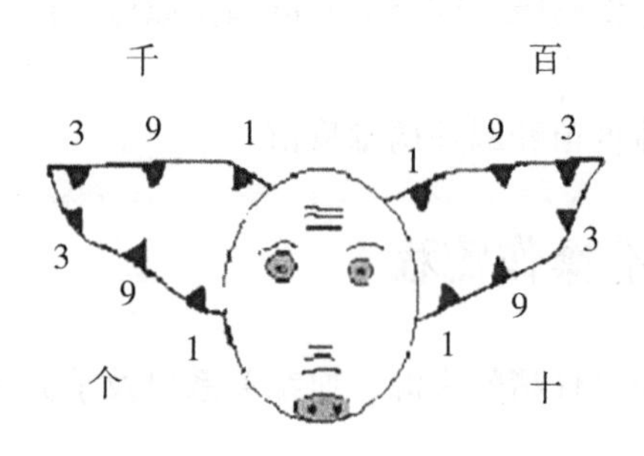

图 11-3 猪的耳缺编号法

（4）将一窝仔猪轻柔地抓到保温箱内，抓猪过程中仔猪叫声会引起母猪焦虑，需小心母猪的攻击行为。

（5）水平地抓起第 1 头仔猪，把握其胸部和前肢部分，抓住打耳缺的耳朵。

（6）用蘸有医用酒精的棉花清洗耳朵。

（7）把耳朵的边缘放进耳缺钳，确认耳缺的大小、位置是否合适，很快地剪掉小部分耳朵。

（8）应尽量避开血管，适度剪到耳缘骨，缺口深浅一致，不过深、过浅，清晰易认，缺口间距基本一致，稀疏均匀，排列整齐。

（9）耳根部与耳尖部之间的缺口空距要适当大一些，以便于识别。

（10）处理完每头仔猪要对创口处涂上碘酒，耳缺钳要进行消毒。

（11）对完成打耳号的仔猪做好标记。

（12）按以上方法给其他仔猪打上耳号。

（13）完成后对耳缺钳进行清洗消毒处理，完成记录。

2. 耳标编号法

该方法是用一种标有编号、代码的橡塑耳标或电子耳标打在猪的耳上进行猪个体标识的方法。不同于耳缺编号法，耳标编号法可以表示较多的位数，不易产生重号。耳标编号可采用《全国种猪遗传评估方案（试行）》标准进行编号，但目前为了与其他电子标签兼容、厂家兼容以及信息系统兼容，绝大多数农场均采用自有标准来编号，甚至不同生产阶段采用不同耳标号，比如：仔猪耳号、育种耳号、种猪耳号等。

耳标实施的标准操作流程如下。

（1）工具准备：耳标钳、耳标主标、耳标辅标、保温箱等。检查耳标钳可否正常使用。将耳标主标、耳标辅标使用消毒液浸泡。

（2）人员准备：需工作人员 1 名。

（3）将一窝仔猪轻柔地抓到保温箱内，抓猪过程中仔猪叫声会引起母猪焦虑，需小心母猪的攻击行为。

（4）水平地抓起第 1 头仔猪，把握其胸部和前肢部分，抓住打耳标的耳朵。

（5）用蘸有医用酒精的棉花清洗耳朵。

（6）手压耳标钳弹簧压板，将耳标辅标锁扣朝下，放在弹簧压板下面，沿耳标钳凹槽推进至底部。

（7）将耳标主标安装在耳标钳针上，抵到钳针的末端卡住，主标不能从钳针上脱落。

（8）耳标打在耳部的中心位置，主标从耳朵背面打入。

（9）按压耳标钳，主辅标锁定一气呵成，避免耳朵撕裂。

（10）按以上方法给其他仔猪打上耳标。

三、仔猪补铁标准操作流程

铁是猪身体所需的一种重要的矿物质元素，仔猪体内缺铁就会影响自身的造血，导致营养性贫血症。初生仔猪体内储备的铁很少，只能维持 3~5 d 的生长需要，母猪乳汁不能提供足够的铁，若不给仔猪补铁，仔猪体内贮备的铁将很快消耗殆尽，因此，需要在出生 12~24 h 对仔猪进行补铁。补铁的方法很多，目前最有效的是给仔猪肌内注射右旋糖酐铁注射液，一般注射 200 mg/头。标准操作流程如下。

（1）工具准备：右旋糖酐铁注射液、连续注射器、7 号针头、止血钳、酒精。

（2）人员准备：需工作人员 1 名。

（3）将注射液瓶安装在自动注射器上，设定正确的剂量，扳动手柄直到注射器充满注射液。

（4）将一窝仔猪轻柔地抓到保温箱内，抓猪过程中仔猪叫声会引起母猪焦虑，需小心母猪的攻击行为。

（5）抓起第 1 头仔猪，把握其胸部和前肢部分，用中指、食指夹住小猪前肢。

（6）大拇指放在仔猪耳后的皱褶处，将头推向一侧暴露出颈部耳后三角区注射部位。

（7）用蘸有医用酒精的棉花擦拭注射部位。

（8）用小拇指拉紧肌肉上面的皮肤，将针头以 90°角扎入。

（9）注射的适宜剂量：2 mL 含量为 100 mg/mL 的注射液，或 1mL 含量为 200 mg/mL 的注射液，剂量过大易造成机体铁中毒，剂量过低效果不明显。

（10）注射完毕，迅速拔出针头，让皮肤回到正常位置。

（11）用大拇指按住注射部位片刻。

（12）对完成补铁的仔猪做好标记。

（13）按以上方法给窝内其他仔猪补铁。

（14）每窝更换 1 次针头，如有破损随时更换。

（15）所有仔猪操作完毕，清洗器械，按照治疗用具及废弃物处理流程处理空药瓶及针头。

四、仔猪寄养标准操作流程

规模化养猪生产过程中，由于群体大，常会出现某些母猪有效奶头有限、所产仔猪均匀度差、产后奶水质量参差不齐等现象，为提高哺乳仔猪成活率、保证断奶重及断奶均匀度需要寄养操作。

（一）寄养仔猪的条件

（1）原生母猪的产仔数多于它的有效乳头数，不能保证每头仔猪获得一个有效乳头。

（2）原生母猪体况差，采食量低，泌乳量不足。

（3）原生母猪出现健康问题，乳汁质量不佳，有引起哺乳仔猪生病的可能。

（4）原生母猪出现死淘，所产的整窝仔猪无乳汁来源。

（5）原生母猪所产仔猪个体均匀度差，需调整窝内仔猪均匀度。

（6）仔猪弱小，不能有效吮吸原生母猪的大乳头。

（7）摄入了足够的原生母猪初乳。

（二）寄养母猪的条件

（1）性情温顺，母性好，能接受寄养仔猪。

（2）体况良好，健康，采食量高。

（3）原生仔猪数量少于有效乳头数。

（4）原生仔猪都能得到有效的哺乳，健康，活力足。

（5）乳汁充足且质量好，足够哺育更多的仔猪。

（6）正常寄养最好选择 2 胎或 3 胎的母猪。

（7）为激活所有的乳头，初产母猪可以成为寄养母猪。

（三）交叉寄养

母猪以哺育原生仔猪为主，部分接受寄养仔猪，寄养仔猪数一般不超过总哺乳仔猪数的 30%。交叉寄养只在母猪产仔猪头数超过有效乳头数时进行，从窝内强壮仔猪中选择要寄养的仔猪，寄养仔猪优先寄给初产母猪和哺乳性能良好的低胎次母猪，寄养必须在出生后 24 h 内完成。

1. 交叉寄养标准操作流程

（1）统计舍内出生 12~24 h 内的仔猪数和窝数、胎次及相应窝的母猪有效乳头数。

（2）标记寄养仔猪：对于母猪有效乳头数少于所产仔数的窝，选出先出生的强壮仔猪，进行标记，优先寄养。

（3）标记寄养母猪：有效乳头数多于实际产仔数且采食量高、泌乳量多、性情温顺的 2 胎或 3 胎的母猪，产仔数少于有效乳头数的初产母猪，将它们作为寄养母猪标记出来。

（4）寄养前，仔猪要摄入足够数量的原生母猪的乳汁，并处于饱食状态。

（5）将标记出的强壮仔猪送到寄养母猪栏，与寄养母猪的原生仔猪在保温箱内混养 0.5~1.0 h，或者抹上母猪的尿液或乳汁。

（6）寄养后每头母猪的带仔数不能超过它的有效乳头数。

（7）观察寄养仔猪和母猪的表现，发现问题及时处理。

2. 注意事项

（1）寄养前应做好规划，避免盲目寄养，以减少应激和疾病传播风险。

（2）在寄养前，通过分批哺乳、人工哺乳等手段保证寄养仔猪摄入足够的初乳。

（3）让母猪尽量多地哺育原生仔猪，寄养出去的仔猪数最好不要超过窝产仔数的30%。

（4）寄养仔猪的个体要比寄养母猪的原生仔猪略大，避免与原生仔猪群竞争时处于弱势。

（5）做好每头寄养仔猪的标记，避免被二次寄养。

（四）落后猪寄养

在分娩舍存在落后仔猪时进行，将已摄入足够初乳、出生时间在3日龄以内的落后仔猪集中起来寄养给一头母猪。以哺育寄养落后仔猪为主要目的的母猪被称为寄养母猪。为避免寄养母猪负担过重的泌乳任务，影响之后的繁殖性能，加上哺育原生仔猪的总泌乳时间不能超过30 d；同时，为保证寄养仔猪的成活率，寄养仔猪的总哺乳时间不少于21 d，有时需要进行二次寄养。

1. 落后猪寄养模式

（1）一次性寄养：将落后仔猪寄养给分娩18~21 d的寄养母猪，同时让寄养母猪的原生仔猪提前断奶。

（2）阶梯式寄养：将落后仔猪寄养给分娩3~5 d的寄养母猪，称为一级寄养；将分娩后3~5 d寄养母猪原生仔猪整窝寄养给分娩18~21 d的寄养母猪，称为二级寄养；二级寄养母猪的原生仔猪提前断奶。

2. 落后猪寄养标准操作流程

（1）标记寄养仔猪：将产房中3日龄以内、生长掉队或者死淘母猪所产的仔猪，进行标记。

（2）标记寄养母猪：查看母猪哺乳能力相关信息，包括胎次、哺乳能力、有效乳头数、体况等，选择整窝仔猪表现较好且性情温顺的1胎或2胎母猪，一级寄养母猪产仔后3~5 d，二级寄养母猪产仔后18~21 d，将它们作为寄养母猪标记出来。

（3）寄养前检查仔猪胃部是否充盈，确保其吃饱。

（4）将寄养仔猪送到寄养母猪栏，通过抹上母猪的尿液或乳汁进行气味混淆。

（5）寄养的仔猪数不应超过寄养母猪之前哺乳的仔猪数。

（6）观察寄养仔猪和母猪的表现，发现问题及时处理。

3. 注意事项

（1）评估仔猪有没有寄养价值，放弃没有寄养价值的仔猪。

（2）禁止寄养有疾病的仔猪。

（3）寄养给同一头寄养母猪的仔猪尽量保持个体大小均匀。

（4）1胎或2胎母猪、有过寄养母猪经历的母猪更容易接受寄养仔猪。

（5）寄养母猪应体况好、乳汁足以及母性好，原生仔猪应健康和生长速度快。

（6）寄养当天应适当减少寄养母猪的饲喂量。防止因饲喂量大、乳汁过多，引发乳房问题，或者停止泌乳，或者在产房发情。

五、仔猪剪牙标准操作流程

仔猪出生时已长好乳犬齿。仔猪在吃奶时，因争夺乳头而用犬齿互相殴斗咬伤面颊，一旦被细菌侵袭后感染发炎，将对其吮乳造成影响。仔猪在争奶时，对母猪乳房造成损伤，乳房疼痛的母猪频繁起卧，踩压仔猪。另外，仔猪 1 周龄开始长乳前臼齿，2 周龄长乳切齿。仔猪在出牙时，由于牙龈发痒，喜欢啃垫草、栏栅、粪便等污物，把病原菌带入体内，致使发生仔猪黄白痢。因此，在仔猪出生后 3 d，进行剪牙工作。仔猪剪牙标准操作流程如下。

（1）工具准备：剪牙钳、记号笔、保温箱等。检查剪牙钳是否锋利，如有损坏及时更换；检查剪牙钳是否干净，需经热水浸泡、清洗、消毒后方可使用。

（2）人员准备：需工作人员 1 名，清洗双手后开始工作。

（3）将一窝仔猪轻柔地抓到保温箱内，抓猪过程中仔猪叫声会引起母猪焦虑，需小心母猪的攻击行为。

（4）抓起一头仔猪，把拇指放在仔猪右眼后的皱痕处。

（5）轻柔地用食指和拇指伸到仔猪嘴中，抵住上下颌，使其嘴张开，并压住舌头。

（6）用余下的手指夹住仔猪的身体和颈部来承受仔猪的重量，用中指和小指轻捏仔猪的喉管，避免仔猪呼叫。

（7）使仔猪的头偏向方便的一侧。

（8）用剪牙钳将仔猪一侧的一对犬齿及第 3 对门切齿的上半部剪断，剪牙要快而有力，剪去后牙齿与牙床齐平。

（9）仔细地剪去剩余的 3 对牙齿，不要伤到牙床、舌头和嘴中的任何部分。

（10）用一只手指去摩擦一下牙床，以便确保没有残留的、尖锐的牙齿碎片。

（11）如果有尖锐的部分，用剪牙钳剪掉。

（12）对完成剪牙的仔猪做好标记。

（13）按以上方法给窝内其他仔猪剪牙。

（14）窝中弱小的仔猪可以免去剪牙处理。

（15）完成后对剪牙钳进行清洗消毒处理，完成记录。

六、仔猪断尾标准操作流程

随着养猪业规模化程度的增加，猪群咬尾现象时有发生。猪尾受伤后，会出现采食量下降、营养的摄入不足而使生长发育以及增重受阻。受伤严重且处理不及时，会造成大肠杆菌、葡萄球菌感染，严重者引起死亡。另外，猪摆尾消耗能量，断尾可以节省饲料，提高日增重，进而提高育猪肥的养殖经济效益。因此，在仔猪出生后 3 d，进行断尾工作。仔猪断尾标准操作流程如下。

（1）工具准备：电热断尾钳、记号笔、保温箱等。检查电热断尾钳是否锋利，握住断尾钳确认它的两个刃能否合拢，如有损坏及时更换；检查断尾钳是否干净，需经清洗、消毒后方可使用。

（2）人员准备：需工作人员 1 名，清洗双手后开始工作。

（3）加热电热断尾钳 5~10 min，一定要达到适合的温度。

（4）将一窝仔猪轻柔地抓到保温箱内，抓猪过程中仔猪叫声会引起母猪焦虑，需小心母猪的攻击行为。

（5）将小猪抓起，用手肘和胸部夹住仔猪的头部，使其沿着前臂成水平状，用大拇指和食指夹住猪尾巴，在剪尾前将皮肤拉向尾巴的尖端。

（6）将仔猪尾巴放在断尾钳半圆口中，在距尾根 1/4 处，用力压下剪断尾巴。

（7）对完成断尾的仔猪做好标记。

（8）按以上方法给窝内其他仔猪断尾。

（9）窝中弱小的仔猪可以免去断尾处理。

（10）断尾 5 min 后，检查所有仔猪，如有流血使用止血带，15 min 后去掉止血带。

（11）完成后对断尾钳进行清洗消毒处理，完成记录。

七、仔猪去势标准操作流程

去势的目的主要是为了消除肉中的公猪异味，同时也是为了防止公猪出现攻击性和性行为。去势后变得温驯好养，便于管理，节约养殖成本，提高饲料转化率。生产中，通常在仔猪 3 日龄时采用手术方法摘除公猪的睾丸，具体操作流程如下（图 11-4）。

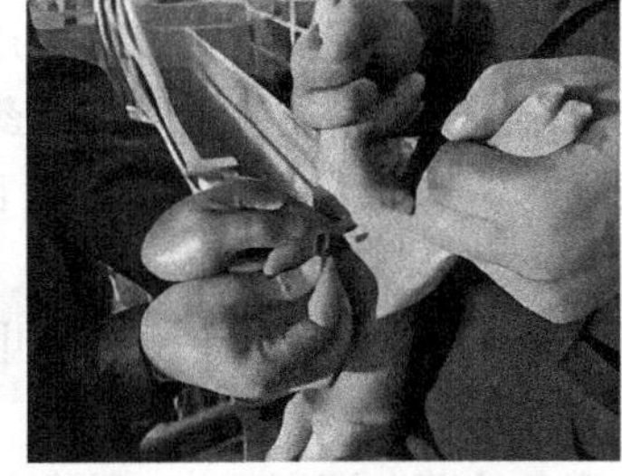

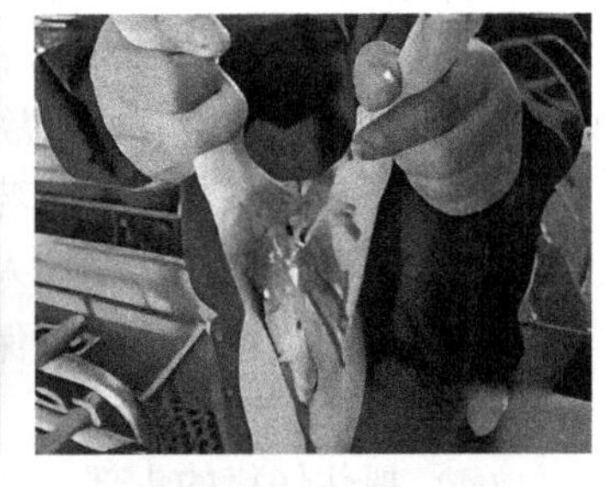

图 11-4　仔猪去势流程

（1）工具准备：手术刀片、手术刀柄、酒精棉球、碘酒、去势保定架、记号笔、保温箱等。检查手术刀是否锋利；手术刀柄是否干净，需经清洗、消毒后方可使用。

（2）人员准备：无去势保定架时，需工作人员 2 名，进行手术操作的工作人员需清洗双手，不参与仔猪保定。有去势保定架时 1 名工作人员即可。

（3）将一窝仔猪内的公猪轻柔地抓到保温箱内，抓猪过程中仔猪叫声会引起母猪焦虑，需小心母猪的攻击行为。

（4）仔猪保定工作人员抓起仔猪，两只手分别固定仔猪后腿跗关节，使仔猪头向下，腹部朝向手术操作工作人员。

（5）有去势保定架时，将仔猪后腿跗关节固定，使仔猪头向下，腹部朝向手术操作工作人员。

（6）检查仔猪是否有腹股沟阴囊疝，如果仔猪患有疝气，做好标记，不进行去势；待仔猪 3~5 日龄时，按疝气仔猪处理标准操作流程处理。

（7）检查仔猪是否有腹泻的迹象，如果仔猪腹泻，做好标记，不进行去势；待腹泻治愈后去势。

（8）用蘸有医用酒精的棉花擦拭腹部睾丸部位的皮肤。

（9）手术操作工作人员用拇指将睾丸向上推，使皮肤绷紧。

（10）切开皮肤和白膜，切口要小到刚好将睾丸挤出。

（11）紧紧抓住睾丸，向外拉出，将精索和血管拉断。

（12）检查是否有精索仍旧在切口外，如果有用手术刀切断。

（13）按以上方法将另一个睾丸去除。

（14）切口处喷洒碘酒，做好标记。

（15）使用消毒液擦拭手术刀。

（16）按以上方法给窝内其他仔猪去势，完成记录。

（17）所有仔猪操作完毕，清洗器械，按照治疗用具及废弃物处理流程处理手术刀片。

八、仔猪驱虫标准操作流程

仔猪球虫病是一种引起仔猪消化道病变的寄生虫病，主要发生于抵抗能力差、免疫力弱的仔猪，加上并发病毒病、细菌病以及其他寄生虫病，导致发病仔猪死亡率非常高，给种猪场带来巨大的经济损失，不仅降低了种猪的种用价值，也给育肥猪场的生产带来极大影响。生产中，通常在仔猪 3 日龄时灌服驱球虫药物，具体操作流程如下。

（1）工具准备：驱球虫药物、给药器。检查给药器是否堵塞，检查药物有效期。

（2）人员准备：需工作人员 1 名。

（3）将仔猪轻柔地抓到保温箱内，抓猪过程中仔猪叫声会引起母猪焦虑，需小心母猪的攻击行为。

（4）抓住仔猪的头部，从嘴角给药，灌服 1 mL 驱球虫药物。剂量过多造成药物浪费，剂量过低效果不明显。

（5）灌服过程中，若部分药物从口中流出，应给予额外适量药物。

（6）给药后轻轻挤压仔猪腹部，使仔猪咽下全部药物。

（7）按以上方法给窝内其他仔猪灌服，完成记录。

九、疝气仔猪处理标准操作流程

疝气是腹部内脏从自然孔道或病理性破裂孔脱至皮下或其他腔孔的一种常见病，依据发生部位的不同，可分为腹股沟阴囊疝、脐疝以及腹壁疝。腹股沟阴囊疝公猪有明显的遗传性，规模化猪场的发病率为0.4%~0.5%。当进入阴囊总鞘膜内的肠管不能还回鞘膜腔，而在腹股沟内环处发生嵌闭时，引起仔猪腹痛、呕吐、食欲废绝，妨碍猪只生长发育；当被嵌闭的肠管发生坏死时，可发生内毒素性休克而造成猪只死亡，造成经济损失。生产中，通常在仔猪3~5日龄时进行处理，方法包括手术修复法和胶带修复法。

1. 手术修复法标准操作流程

（1）工具准备：手术刀片、手术刀柄、缝合针、缝合线、酒精棉球、碘酒、抗生素药膏或粉剂、去势保定架、记号笔等。检查手术刀是否锋利；缝合针、缝合线、手术刀柄是否干净，需经清洗、消毒后方可使用。

（2）人员准备：无去势保定架时，需工作人员2名，进行手术操作的工作人员需清洗双手，不参与仔猪保定。有去势保定架时1名工作人员即可。

（3）将需要处理的仔猪轻柔地抓到保温箱内，抓猪过程中仔猪叫声会引起母猪焦虑，需小心母猪的攻击行为。

（4）仔猪保定工作人员抓起仔猪，两只手分别固定仔猪后腿跗关节，使仔猪头向下，腹部朝向手术操作工作人员。

（5）有去势保定架时，将仔猪后腿跗关节固定，使仔猪头向下，腹部朝向手术操作工作人员。

（6）检查是一边还是两边都有疝气。

（7）用蘸有医用酒精的棉花擦拭腹部睾丸部位的皮肤。

（8）手术操作工作人员在患侧阴囊皮肤上做一个切口，切开皮肤和组织膜，但不要切开包围睾丸的白膜。

（9）抓住睾丸和白膜，沿着白膜小心地将肠道挤回腹腔。

（10）将白膜扭转，使用缝合针和缝合线缝合。

（11）在缝合线外将白膜、精索和血管割断，将睾丸摘除。

（12）在缝合处涂撒抗生素药膏或粉剂。

（13）如果另侧也有疝气，重复这一操作。

（14）如果没有疝气，则按仔猪去势标准操作流程处理。

（15）给仔猪注射抗生素。

（16）做好标记，定期检查仔猪状况。

2. 胶带修复法标准操作流程（图11-5）

（1）工具准备：弹性胶带、手术刀片、手术刀柄、酒精棉球、碘酒、去势保定架、记号笔等。检查手术刀是否锋利；手术刀柄是否干净，需经清洗、消毒后方可使用。

（2）人员准备：无去势保定架时，需工作人员2名，进行手术操作的工作人员需清洗双手，不参与仔猪保定。有去势保定架时1名工作人员即可。

（3）将需要处理的仔猪，轻柔地抓到保温箱内，抓猪过程中仔猪叫声会引起母猪焦虑，需小心母猪的攻击行为。

（4）仔猪保定工作人员抓起仔猪，两只手分别固定仔猪后腿跗关节，使仔猪头向下，腹部朝向手术操作工作人员。

（5）手术操作工作人员轻轻地将小肠推回到仔猪腹腔内，用拇指或食指按压住腹股沟环，使小肠和睾丸分别保持在腹腔和阴囊中。

（6）手术操作工作人员按仔猪去势标准操作流程对仔猪进行去势。

（7）手术操作工作人员左手拇指按压住疝孔，右手用弹性胶带缠绕仔猪左后腿，同时确保缠绕的胶带没有褶皱。

（8）弹性胶带绕过后腿及尾根旁，同时缠绕仔猪右侧的腹股沟环，拇指始终对疝孔保持压力。

（9）对仔猪的右后腿采用同样的方法，从而缠绕成“8”字形。

（10）将胶带环绕仔猪腹部一圈，起到固定的作用。

（11）做好标记，定期检查仔猪状况。

（12）48 h 后，拆除胶带。

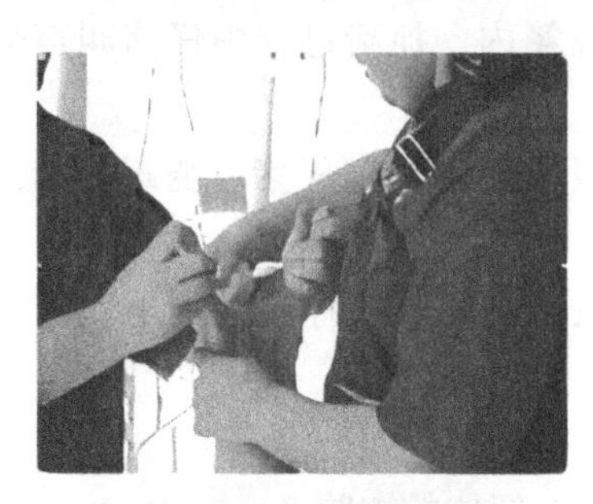
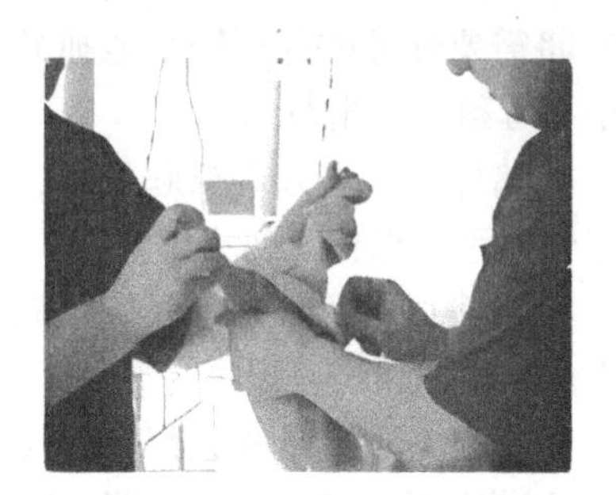
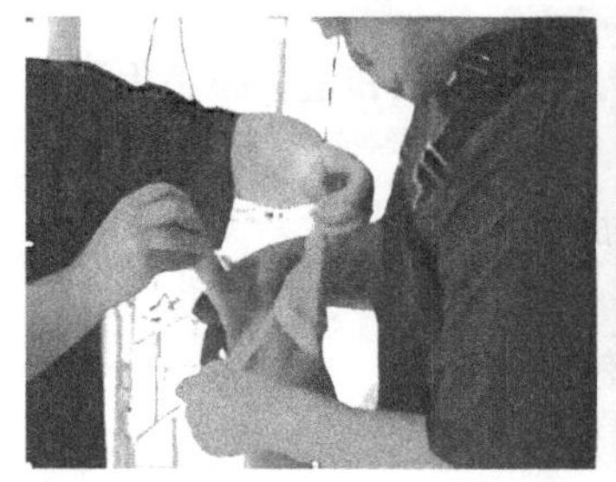
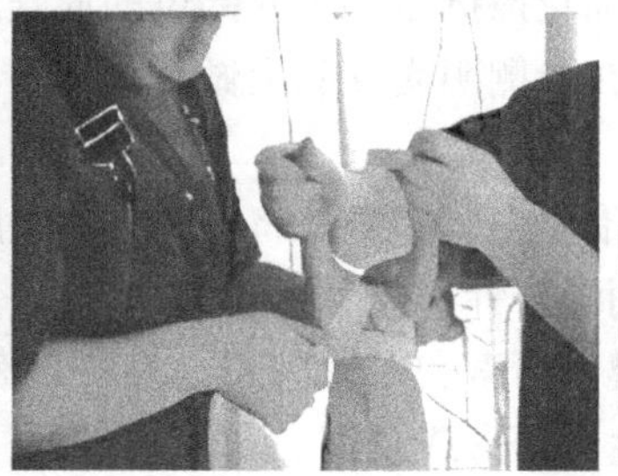
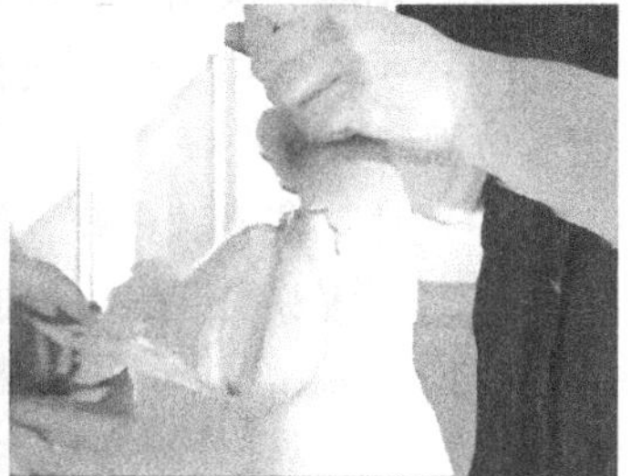

图 11-5　胶带修复法标准操作流程

十、仔猪开食标准操作流程

母猪泌乳量在产仔后的第 3 周达到高峰，以后逐渐下降。提早开食补料，不仅可以满足仔猪快速生长发育对营养物质的需要，提高日增重，而且可以刺激仔猪消化系统的发育和机能完善，防止断奶后因营养性应激而导致腹泻，为断奶的平稳过渡打下基础。生产中，一般在仔猪 10 日龄开始饲喂，这时仔猪出现啃咬硬物拱掘地面的习性，利用这些行为有助于开食。仔猪开食标准操作流程如下。

（1）工具准备：补料槽、教槽料、料桶、料勺、刷子等。料槽选用圆形没有棱角的，大小要足够 4~5 头仔猪同时进食。

（2）查看记录，确定仔猪是否达到开食日龄。

（3）打开 1 包教槽料倒到料桶中。

（4）将补料槽固定在产床漏缝地板上，理想的位置应避开水、热源和后部排粪区，特别要避开角落。如果料槽经常弄脏，应该更换区域。

（5）向补料槽中放入少量饲料，呼唤引诱仔猪采食。

（6）检查补料槽中剩料情况，如果仔猪采食完就及时补料，慢慢增加给料量。

（7）每次投料要少，每天饲喂最少 4 次。

（8）如果饲料变质、结块，应清理饲料并清洗补料槽。

（9）保证仔猪饮水以促进采食。

十一、仔猪断奶标准操作流程

现阶段生产中，通常在仔猪 23~24 日龄、体重达到 6.5 kg 以上时实施一次性断奶。

1. 断奶计划

按第十章泌乳母猪标准化养殖中泌乳母猪断奶标准操作流程执行。

2. 断奶仔猪转群标准操作流程

（1）转群时间：根据断奶计划实施。

（2）保育舍准备：按断奶计划准备空栏，预先进行栏位洗消。

（3）工具准备：赶猪板、断奶仔猪清单、记号笔、仔猪运输车等。

（4）人员准备：需要工作人员 2 名。

（5）仔猪运输车到达种猪场装售猪缓冲存放间，设置好车内栏门和尾板门。

（6）准备好赶猪通道，确保通道完全无障碍物。做好防滑、防应激准备。

（7）工作人员 A 打分娩舍产床后门。

（8）工作人员 B 用赶猪板将仔猪赶出分娩栏。

（9）工作人员 A 用赶猪板驱赶仔猪，使其走向设置的出口方向，关上产床后门。

（10）重复以上步骤直到放出 10~12 窝仔猪。

（11）重复以上步骤直到本批次断奶仔猪全部装上仔猪运输车。

（12）清洗、消毒通道。

（13）按仔猪运输车进出管理程序转运至育肥场保育舍。

第十二章　保育仔猪标准化养殖

第一节　断奶应激

断奶时期是猪一生中最具挑战性的阶段之一，仔猪断奶后因营养、心理以及环境等方面的剧烈变化导致机体产生应激，表现出以生产性能和营养物质吸收率降低、肠道功能紊乱及敏感性增加、腹泻和高死亡率为主要特征的断奶应激综合征。

一、断奶应激产生原因

从营养方面来说，仔猪的营养来源发生显著变化，从易消化的液态母乳转变为消化率低的固体饲料，导致肠绒毛磨损变短，易引起仔猪消化不良和腹泻。饲料中还存在某些蛋白质能引起仔猪过敏反应和免疫损伤，同样导致腹泻的发生。另外，仔猪断奶后通过母乳获得促进胃肠道发育活性物质和被动免疫的途径中断，但又不能及时适应新饲料和合成抗体，所以仔猪营养物质摄取减少和抗病力下降。从心理方面来说，仔猪与母猪突然的分离，并且与不同窝仔猪混合，再加上因抓取、转运都会造成仔猪心理上的不适应。从环境方面来说，仔猪从条件较好的分娩舍转入条件相对较差的保育舍，所接触的外界环境发生较大的变化。

二、断奶应激的危害

（一）对仔猪生长性能的影响

断奶初期，仔猪突然从高消化性和适口性较好的液态母乳转变为不易消化和适口性较差的固体饲粮，随之而来的是断奶后采食量降低以及生长速率降低（表 12-1）。有研究指出，仔猪断奶后 10 d 生长缓慢，生长速率少于 0. 4%，而断奶后腹泻发病率达到 49. 18%，由此引发的疾病死亡率为 5. 12%。

表 12-1　断奶对生长性能的影响

项目	断奶后天数（d）				
	0	1	3	7	14
体重（kg）	7. 54	7. 28	7. 39	8. 84	9. 78

（续表）

项目	断奶后天数（d）				
	0	1	3	7	14
平均日增重（g）	—	-268.75	-52.08	177.55	158.04
平均日采食量（g）	—	2.38	61.02	169.06	306.72

（二）对仔猪肠道结构和通透性的影响

肠上皮细胞是否完整是机体营养物质能够被机体吸收利用的前提，肠上皮细胞损伤，会导致肠道的完整性遭到破坏，从而严重影响小肠的消化吸收功能。在断奶前，随着仔猪的发育，肠道绒毛高度逐渐变长，隐窝深度逐渐变浅。但在断奶后，由于日粮组分的改变，以及饲料中抗营养因子的存在和蛋白质引发的超敏反应，导致仔猪绒毛高度降低，隐窝深度加深，绒毛高和隐窝深度的比值也明显降低（表12-2）。断奶应激在引起仔猪肠道结构改变的同时，也会引起肠道炎症，进而通过闭合蛋白的异常调节破坏紧密连接蛋白的稳定性并进一步增加肠道通透性，使得外来抗原、病原微生物及其代谢产物可穿过肠上皮细胞进入血液，产生仔猪全身炎症反应及腹泻。

表 12-2　断奶对仔猪肠道形态的影响

项目	断奶后天数（d）			
	0	1	3	7
绒毛高度（μm）	360.28	303.64	281.46	321.29
隐窝深度（μm）	241.17	271.25	290.73	264.18
绒毛高度/隐窝深度	1.49	1.12	0.97	1.22

（三）对仔猪消化酶以及胃酸分泌的影响

仔猪初生时分泌酸的能力很低，20 日龄前胃内仍缺少盐酸，胃内的酸度维持主要是靠母乳中乳糖发酵。消化道内蔗糖酶、果糖酶和麦芽糖酶的活性到 1~2 周龄后才开始增强，而淀粉酶活性在 3~4 周龄时才达到高峰。断奶会阻碍仔猪胃酸的分泌和降低消化酶活性，并阻断了外源乳糖的摄入，从而导致消化酶以及胃酸不足，未消化的食物使得大部分的有害菌在肠道内增殖，进而引起仔猪腹泻等疾病。有研究表明，仔猪消化道内胰蛋白酶、胰淀粉酶、胰脂肪酶、乳糖酶等活性在断奶 1 周左右都呈现明显的下降趋势（表 12-3）。

表 12-3 断奶对仔猪空肠消化酶活性的影响

项目	断奶后天数（d）			
	0	3	7	14
胰淀粉酶（U/mL）	2 520.01	2 421.19	2 253.81	1 996.08
胰蛋白酶（U/mL）	0.31	0.23	0.27	0.37
胰脂肪酶（U/mL）	0.70	0.62	0.38	0.27

（四）对仔猪消化道微生物区系的影响

仔猪在胚胎期时，处于无菌状态，出生后，能够通过母体产道中获得的肠道微生物逐渐在体内繁殖，并且稳定定居下来。肠道中各种稳定的微生物体系能够使动物免受感染。在正常情况下，肠道内微生物区系中的有益菌和有害菌保持着动态的平衡，但是断奶应激会破坏已建立好的肠道保护性微生物区系，在应激的情况下，乳酸杆菌减少，而大肠杆菌的数量增多，进而对动物产生不利的影响（图 12-1）。

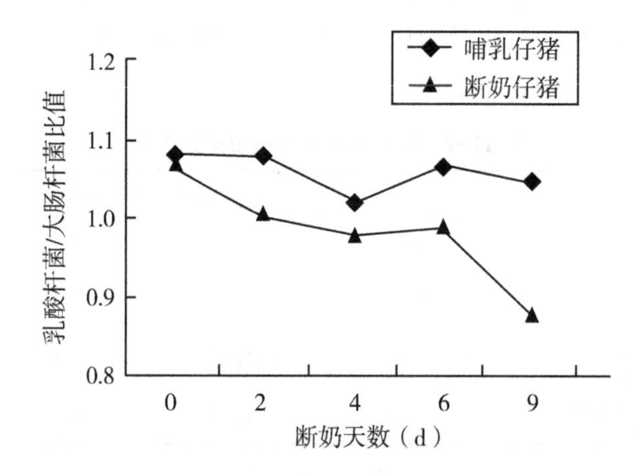

图 12-1 断奶对仔猪消化道微生物的影响

（五）对仔猪免疫功能的影响

仔猪的免疫保护主要是靠初乳中的母源抗体被动免疫方式获得的。仔猪的被动免疫在 3 周龄时正处于最低水平，4~5 周龄时主动免疫才开始发挥作用。因此，仔猪在 3 周龄前很少或几乎没有自身的抗体合成。研究表明，断奶应激会导致仔猪外周血中中性粒细胞数上升以及淋巴细胞数下降，从而降低仔猪的细胞免疫能力。总的来说，断奶仔猪免疫机能发育还不健全，主动免疫力差，抵抗感染能力弱，容易发生腹泻。断奶对仔猪免疫球蛋白的影响如表 12-4 所示。

表 12-4　断奶对仔猪免疫球蛋白的影响

项目	断奶后天数（d）		
	0	7	14
免疫球蛋白 G（g/L）	2.26	2.02	2.47
免疫球蛋白 M（g/L）	1.16	0.81	1.20
免疫球蛋白 A（g/L）	0.66	0.35	0.70

第二节　断奶仔猪转群标准操作流程

一、断奶仔猪转群

（一）保育舍的准备

1. 保育舍洗消

采取全进全出方式，按空栏后洗消标准程序进行保育舍洗消。

2. 保育舍检查

保育仔猪进舍前设施、设备和环境检查。

在粪坑中重新注入 50 mm 深的水。

检查保育舍内配电箱保险丝。如有问题，及时更换。

确保保育舍各个设备干燥。

检查保育舍内各个设备电缆有无割口、电线有无裸露、进水或明显的烧毁痕迹。如有毁坏，应及时更换。

确保保育舍内各个设备电缆已完全固定。如有松动，及时固定。

检查保温灯插销螺丝是否松动，有无烧灼的痕迹。如果有毁坏，要及时更换插销。

检查保温灯是否正常工作。

检查栏位有无损坏或异常。漏缝地板是否损坏、不平坦或边缘凸起；螺丝是否松动、焊接是否损坏、边缘是否锋利，是否有裂缝或破口。

关上栏门，保留面向入口处的栏门，为进猪做好准备。

安装料槽，检查里面是否有残留的水或消毒液。

调整落料管高度，保持在距料槽底部上方 150 mm 处。

安装补料槽，确保安全地固定在漏缝地板上。

确保饲料盘饲料覆盖率 40%~50%。

保证饮水器数量与断奶仔猪头数匹配，每 10 头仔猪配备 1 个饮水器。

如使用自动饮水碗，检查里面是否有残留的水或消毒液。

检查饮水器水流速度，若使用压嘴式饮水器，水流要达到 500 mL/ min，水压小于

137.9 kPa。

将饮水器调低至距地面 15~30 cm。

配制电解质溶液，将加药器进液管放入电解质溶液桶中。

栏内靠近料槽的地方铺垫板。

将保温灯悬挂在栏内垫板上方。

检查环境控制设备的运行状况、风扇皮带松紧、风机能否正常运转等；夏季检查水帘降温能否正常运转；冬季检查进风口、墙体、风机口、门等的严密程度。

开启环境控制系统，设置参数，检查所有的风扇、加热器和进风口是否工作正常。

测试环境控制系统最高/最低温度控制功能、断电警报功能。

根据要求设定温度，提前预热，确保圈舍环境温度至少 28 ℃。

（二）断奶仔猪转群

断奶仔猪转群前了解好将要转群的仔猪日龄、体重，确保提供适宜的饲料。

转群前了解好断奶仔猪的健康状况和疫苗免疫情况，准备相应的药品和疫苗。

转群前要仔细核对断奶仔猪头数，计划好每个单元和猪栏需要转入的数量，按分群标准进行。

按断奶仔猪运输车进出管理程序转运至育肥场保育舍后，按猪只装卸标准流程进行断奶仔猪卸车。

准备好赶猪通道，确保通道完全无障碍物。做好防滑、防应激准备。

有秩序地将断奶仔猪分批次转入圈舍内，每批次赶猪数量控制在 20 头。

将仔猪平分在每个栏位中，栏位中断奶仔猪数量不应超过其容量。

断奶仔猪全部转入至栏位内后，打开饮水器使其保持长流水状态，关闭灯光静养 2 h。

静养结束后，工作人员进入栏位内向垫板上撒少量饲料。

巡栏挑选出 10%体型较小的断奶仔猪，补充仔猪至达到栏位容量。

一旦转入栏位，不要再移动断奶仔猪，所有治疗都在栏位内进行。

仅在必要特殊情况下，将仔猪从栏位中转出。

（三）保育仔猪转群后管理

1. 转群后 36 h

确保饮水器处于常流水状态，保持饮水碗里有水。

向垫板上撒少量饲料，每天撒料 4~5 次。

断奶仔猪自由采食，保证饲料盘饲料覆盖率 40%~50%

注意观察仔猪，确保断奶仔猪找到饮水和饲料。

2. 转群后 36~60 h

每天巡栏 3 次，查看断奶仔猪的精神状态和采食情况。检查断奶仔猪是否警觉、体况正常（偏胖）、腹部充盈、皮肤光滑、食欲旺盛、躺卧姿态、排尿排便，有无脱水迹象。

若发现病弱仔猪，可准备湿拌料（粥样）进行灌喂。第1天比例为80%的水和20%的饲料，以后每天增加15%的饲料，减少15%的水，逐步增加饲料的比例。将10 mL注射器的一端切掉，灌入粥样饲料，作为喂料工具。将粥样料打在仔猪舌头上，引起吞咽反射；灌胃后将仔猪放到靠近料槽的地方，形成灌喂粥样饲料与料槽里饲料的关联。

二、合理分群

合理分群是确保实现全进全出的关键。转群后可根据断奶仔猪大小、体重、活力强弱分群，保证群内一定的均匀度，一般群内断奶仔猪的体重相差1 kg为最佳，可避免争斗现象的发生。但是群内断奶仔猪体重不应过于一致，一定的体重差有利于猪群快速确定等级顺序，从而更早地结束争斗。研究证实，如果栏内仔猪断奶时体型一致，栏内仔猪体重变异系数小于10%，保育结束时，栏内体重变异系数会大于15%。

分群时也要控制仔猪群体大小和饲养密度。群体大小通常控制在每栏饲养不超过30头，群体规模过大（100头以上）会增加管理难度，使弱猪、病猪不易被发现，造成死亡率增加；群体规模过小（12~14头）则难以控制仔猪排便和休息区域。饲养密度应根据猪只体重调整，推荐饲养密度不小于0.26 m^2/头。过大的饲养密度会造成猪只生长缓慢，饲料转化率低，发病率及死亡率升高，更有可能产生咬尾、咬耳的情况；过小的饲养密度会造成栏位利用率下降，饲养成本增加，养殖效益下降。

三、僵猪处理

僵猪，又称生长发育障碍综合征，主要发生在仔猪断奶前后，是由多种因素引起的。患病仔猪以两头尖、腹部较大、被毛粗乱及体质弱为主要特征，消耗饲料较多，但生长速度慢。生产中，应及时发现僵猪，采取合理的措施促使僵猪尽快恢复健康，降低猪场经济损失。僵猪处理标准流程如下。

1. 僵猪识别标准

表现：皮肤暗淡或苍白并缺乏光泽，被毛粗乱，体格瘦小，弓背缩腹，肋腹凹陷，可能有腹泻、咳嗽、气喘和贫血症状。

行为：无精打采，与同窝猪相比反应慢，很少活动；食欲差，宁可玩饮水器而不喝水；弓背站立，发抖，远离猪群；个别有异嗜癖。

2. 栏位准备

准备僵猪栏，配备舒适的地板、保温灯、饲料盘和饮水碗。

3. 用具准备

记号笔、复合维生素注射液、电解多维、注射器、针头、代乳粉、喂料器等。

4. 操作流程

（1）断奶仔猪转群当天，识别僵猪并做好标记。

（2）将僵猪转移到僵猪栏。

（3）转群后第1天：注射复合维生素注射液；电解多维溶液饲喂30 min；休息1 h

后，饲喂粥样饲料（代乳粉和水的比例为1：2）30 min；料槽内不加饲料。

（4）转群后第2天：饲喂粥样饲料（代乳粉和水的比例为1：2）30 min；料槽内加入代乳粉（干料）；电解多维溶液饲喂过夜。

（5）转群后第3天：有消化不良特征的仔猪注射复合维生素注射液；更换电解多维溶液；饲喂粥样饲料（代乳粉和水的比例为1：2）30 min；料槽补加代乳粉（干料）。

（6）转群后第4~9天：饲喂粥样饲料（代乳粉和水的比例为1：2）30 min；料槽补加代乳粉（干料）。

（7）在僵猪恢复健康后，按保育仔猪的饲养方案进行饲喂。

第三节　保育仔猪标准化养殖流程

保育期应采取有效的饲养管理措施，尽可能减轻断奶应激，达到保育期成活率98%以上、9周龄转出体重30 kg以上和料肉比低于1. 35：1的目标。

一、保育仔猪舍日常操作流程

1. 巡栏

查看猪群整体情况，按保育仔猪伤病猪识别标准巡栏。

2. 环境管理

检查环境控制系统运行情况，按照保育舍环境管理标准做相应调整，记录舍内温度、湿度和空气质量，每天早中晚各进行1次。

3. 饲喂管理

实施缓解断奶应激的营养调控措施，按保育仔猪的饲养方案进行饲喂，执行饲喂管理流程。

4. 饮水管理

按饮水器检查标准流程进行。

5. 免疫管理

按照保育仔猪免疫程序进行免疫注射，注意观察免疫后的情况。

6. 伤病猪处理

及时处理巡栏发现的伤病猪，如有疑问，请教兽医。

7. 卫生管理

按舍内卫生管理流程清理栏舍卫生，更换消毒池、消毒桶内消毒液。

二、环境管理

保育仔猪各项机能还未发育完善，体温调节能力差，加之刚刚断奶，从哺乳母猪身边离开，使其对环境变化非常敏感。因此，舍内环境条件管理对于保育仔猪生产性能的改善非常关键。理想的温度和湿度可以增加采食量，避免消耗过多热量以维持体温，并且可以最大限度地减少疾病。

1. 环境温度

保育舍内初始温度应控制在 28 ℃左右，可使用加保温垫、保温灯，之后每周舍内温度调低 1~2 ℃，逐渐降至常温，并根据猪只躺卧行为表现来及时调整舍内温度（图 12-2）。

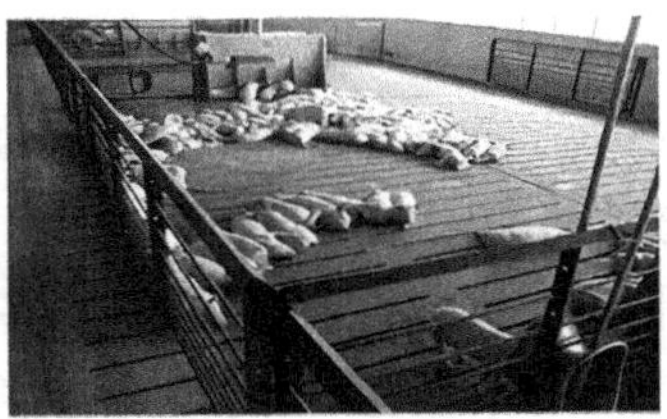

图 12-2　不同温度下猪只躺卧行为表现（左：太冷；中：太热；右：适宜）

2. 环境湿度

舍内湿度控制在 55%~75%。

3. 空气质量

注意通风换气，保持舍内空气清新。

三、饲喂管理

（一）合理的营养调控

仔猪断奶后需经历环境变化、饲粮转变以及自身肠道结构与功能改变，易发生断奶应激，直接影响养猪生产的效率。因此，实施缓解仔猪断奶应激的调控措施对养猪生产具有重要意义。

1. 原料预消化

采用物理预消化技术、化学预消化技术和生物预消化技术等，针对不同原料的具体特性进行一定的处理加工，使其转变成易于猪只消化吸收的营养成分，同时去除原料中的抗营养因子和有毒有害物质，并改善原料适口性，以达到提高能量、蛋白质等营养物质的利用率。

2. 蛋白质和电解质平衡

改变日粮蛋白质的添加水平或蛋白质的品质可调控仔猪胃肠道的结构、功能和微生物区系，减少断奶仔猪腹泻。生产中，饲喂低蛋白日粮（粗蛋白水平从 23.0%降到 18.5%），需通过补充必需氨基酸（如赖氨酸盐、异亮氨酸和缬氨酸）达到氨基酸平衡的理想蛋白模式，添加碳酸氢钠来维持电解质的平衡（电解质平衡值保持在200 mEq/kg）。

3. 系酸力

日粮的系酸力即日粮结合酸的能力。当仔猪采食系酸力高的日粮后，进入其胃内的饲料要结合一定量的胃酸，使胃内 pH 值升高，影响胃内相关酶的活性，降低养分特别是蛋白质在胃内的消化率，导致未被消化吸收进入后肠道的蛋白质增加，腐败发酵作用加剧，导致腹泻。生产中，选用系酸力低的日粮原料，可添加系酸力值特别低的有机酸（甲酸）或其钙源（甲酸钙）等来进行日粮酸化，断奶仔猪日粮系酸力值在 280~350 mEq/kg 为宜。

4. 酶制剂

越来越多具有不同功能和应用方向的酶制剂产品被开发应用到饲料生产中，酶制剂兼具了提高消化率、促生长和抗菌功能，如葡萄糖氧化酶、溶菌酶等可以杀菌抑菌，外源消化酶（蛋白酶、淀粉酶、脂肪酶）、植酸酶、非淀粉多糖酶等可以提高猪只的消化率和生产性能。因此，仔猪日粮可更多地应用酶制剂以改善仔猪生长和健康。

5. 酸制剂

通过对饲料进行酸化，提高幼龄动物发育不成熟的消化道酸度，刺激消化酶的活性，提高饲料养分的消化率；同时既可以抑制或杀死饲料本身存在的微生物，又可以抑制消化道内的有害菌，促进有益菌的生长。生产中，可将以短链脂肪酸为主要成分的酸制剂和中链脂肪酸组合使用，进一步增强对仔猪肠道有害病原微生物的抑制，降低仔猪发生腹泻的概率，促进仔猪生长。

6. 植物化学物质

植物提取物、精油和天然植物具有抗菌、抗炎、抗氧化和抗寄生虫等特性，日粮中可以改善仔猪肠道健康，缓解断奶应激，促进生长。截至目前，允许在饲料中使用的天然植物和植物提取物类主要包含：《饲料原料目录》中允许使用 117 种可饲用天然植物（仅指所称植物或植物的特定部位经干燥或粗提或干燥、粉碎获得的产品）；《饲料添加剂品种目录（2013）》规定的食用香料名单。

7. 益生菌

益生菌主要活跃于猪只回肠的后段、盲肠和结肠，通过增加益生菌产酶的活性来影响猪只对饲料的消化，明显改善猪只的健康状况。仔猪断奶后，使用粪肠球菌、乳双歧杆菌、枯草芽孢杆菌和地衣芽孢杆菌等益生菌都能够有效减轻仔猪大肠杆菌引起的腹泻。

（二）合理的饲喂策略

（1）断奶仔猪转运到保育舍后为避免换料产生的应激，需进行 3~5 d 的饲料过渡，把原饲料和新饲料以相应比例混合后饲喂（表 12-5）。

表 12-5　饲料过渡程序

项目	过渡天数（d）			
	1	2	3	4
旧饲料（%）	75	50	25	—

（续表）

项目	过渡天数（d）			
	1	2	3	4
准备换的新饲料（%）	25	50	75	100

（2）确保仔猪自由采食，需确保每头猪间隔 2.5 cm 的采食空间。

（3）确保料槽内随时有料，转群后 7 d 内饲料盘饲料覆盖率 40%～50%，7 d 以后饲料盘饲料覆盖率 20%～40%（图 12-3）。

图 12-3　不同饲料盘饲料覆盖率（上：太高；中：适宜；下：太低）

（4）保障保育仔猪饲料品质是提高猪只健康状况和生产性能的关键。测定每一批原料、饲料的霉菌毒素含量，确保低于最低限制（表 12-6）。检查饲料颜色、气味，有无结块、发霉、发热情况，如有，立刻停止使用。

表 12-6　原料、饲料霉菌毒素含量要求

种类	含量
黄曲霉毒素	<10 μg/kg
玉米赤霉烯酮	<500 μg/kg
赭曲霉毒素 A	<100 μg/kg
呕吐毒素	<1 mg/kg
T-2 毒素	<1 mg/kg

四、饮水管理

水是猪不可缺少、无可替换的营养物质，猪的生命、生长与生产每时都需要充裕的水。缺水对猪只的健康状况造成严重危害。当失去体重 1%~2%的水分时，开始有渴的感觉，猪只表现为食欲减退、采食量下降；如果继续处于缺水的状态，随时间的延长，干渴的感觉越来越重，可导致食欲废绝，消化机能迟缓直至完全丧失，免疫力和抗病能力下降。当失去体重 10%的水分时，可引起机体代谢紊乱；当失去体重 20%的水分时，发生死亡。因此，需定期检查保育舍饮水器，保证仔猪摄入充足的水。饮水器检查标准流程如下。

1. 工具准备

新饮水器、过滤器、工具箱等。

2. 操作程序

（1）读取水表数据，计算保育舍用水量，判断是否在正常范围。

（2）检查供水系统水管有无阻塞或破裂。

（3）若使用乳头式饮水器，检查是否漏水或滴水。

（4）若使用饮水碗，检查是否一直流水并溢出。

（5）打开饮水器，检查流速是否正常，是否达到最低标准 0.8 L/min。

（6）若水流速度低于标准，检查饮水器供水线路有无堵塞，调整饮水器水流速度或水压，修理或更换饮水器或零件。

（7）若水流速度过高，调整饮水器水流速度或水压，修理或更换饮水器或零件。

（8）如果饮水器高度可调，检查其是否与猪只的肩部等高，如需要，可进行调整。

（9）检查饮水碗中是否有粪尿或饲料，若有应及时清理。

（10）重复以上步骤直到检查完所有栏位。

（11）检查加药器进液管是否堵塞。

（12）每周取下过滤器清洗，如损坏或到期及时更换。

五、免疫、驱虫管理

仔猪在断奶后抵抗力下降，极易感染疾病，需做好免疫、驱虫和药物预防工作。疫

苗接种时必须严格按照免疫程序执行，包括注射疫苗的日龄、注射剂量和注射方式等（表 12-7）。用伊维菌素、阿维菌素等拌料 1 周或注射伊维菌素进行驱虫，驱虫后及时清理粪便，防止排出体外的线虫和虫卵被猪吞食，达不到驱虫效果。必要时，饲料中适当添加抗应激药物如维生素 C、电解多维以及广谱抗生素等做预防保健。

表 12-7　保育仔猪免疫参考程序

注射疫苗的日龄	疫苗名称	注射剂量	注射方式
28 日龄	猪瘟疫苗	1 头份	颈部肌内注射
40 日龄	猪繁殖与呼吸障碍综合征疫苗	2 mL	颈部肌内注射
60 日龄	猪瘟疫苗	1 头份	颈部肌内注射
60 日龄	口蹄疫疫苗	2 mL	颈部肌内注射
70 日龄	猪伪狂犬病疫苗	1 头份	颈部肌内注射

第十三章　生长育肥猪标准化养殖

第一节　猪的生长发育规律

一、体重的增长

猪的绝对生长和相对生长与品种、营养和饲养管理具有很强的相关性，但基本的生长规律是一致的。日增重是衡量生长育肥猪的绝对生长速度的最重要的指标之一，日增重与时间的关系呈抛物线型，前期体重增长很快，然后慢慢下降，在这个过程中出现一个转折点，生长速度缓慢变化的折点大致在成年体重的2/5。因此，一般选择日增重的转折点为适宜屠宰期，根据生产实践，体重达到90~100 kg时生长最快，但也因遗传和饲养条件不同而有所差异。与日增重变化规律不同，猪的相对日增重则随年龄的增长而降低（表13-1）。

表13-1　不同体重阶段和性别的猪生产性能

体重阶段（kg）	日增重（g）		
	阉公猪	母猪	平均
25~35	650	615	633
>35~50	733	707	720
>50~80	828	784	806
>80~100	820	701	761
>20~100	763	710	737
体重阶段（kg）	**相对日增重（g/kg体重）**		
	阉公猪	母猪	平均
25~35	22.87	22.60	22.74
>35~50	16.73	16.83	16.78
>50~80	12.61	12.50	12.56
>80~100	9.24	8.36	8.80
>20~100	12.99	12.81	12.90

二、组织的生长

猪的骨骼、肌肉、脂肪的生长发育有一定规律，随着年龄的增长，顺序有先有后，强度有大有小。骨骼是体组织的支架，因此先发育，肌肉处于中间，脂肪是最晚发育的组织。猪体各组织的生长发育先后顺序为骨骼—皮肤—肌肉—脂肪。骨骼从 2 月龄左右开始到 3 月龄（活重 30~40 kg）强烈生长，强度大于皮肤；肌肉的强烈生长从 3~4 月龄（50 kg 左右）开始，并维持较长时间，直至 100 kg 才明显减弱；在 4~5 月龄（体重 70~80 kg）以后脂肪增长强度明显提高，并逐步超过肌肉的增长强度，90~110 kg 体内脂肪开始大量沉积（图 13-1）。脂肪主要贮积部位在腹腔、皮下和肌肉间。以沉积早晚来看，腹腔中沉积脂肪最早，皮下次之，肌肉间最晚；以沉积数量来看，腹腔脂肪最多，皮下次之，肌肉间最少；以沉积速度而言，腹腔内脂肪沉积最快，肌肉间次之，皮下脂肪最慢。

组织生长强度会随着猪的遗传类型、饲料好坏和环境控制的不同而有所不同，但总的来说基本与上述规律符合。这个规律对生产实际具有很强的指导意义，在生产中的不同阶段制定不同的饲喂策略，在猪只体重 75kg 左右以前应给予高营养水平的饲料，以促进骨骼和肌肉的快速发育；在猪只体重 75kg 左右以后要适当降低营养水平，以抑制体内脂肪沉淀，提高胴体瘦肉率。

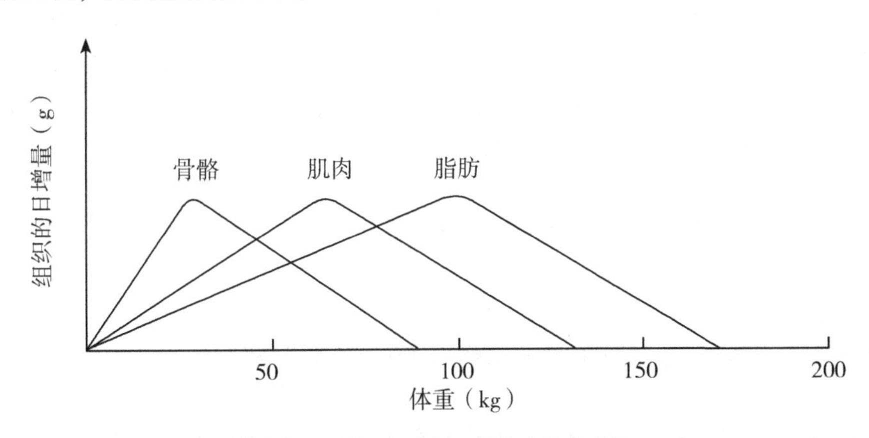

图 13-1　骨骼、肌肉、脂肪生长高峰期

三、猪体化学成分的变化

年龄阶段和体重不同，猪体化学成分也会规律性发生变化（表 13-2）。在猪的生长育肥过程中，水分和脂肪含量变化较大，蛋白质和矿物质含量变化较小。水分随年龄的增长而相对减少；脂肪随年龄的增加而逐渐增多，蛋白质（肌肉）稍降低；矿物质（骨骼）略降。从增重成分看，年龄越大，则增重部分所含水分愈少，脂肪愈多。同时，随着脂肪量的增加，饱和脂肪酸的含量也增加，而不饱和脂肪酸含量逐渐减少。研究发现，在体重达45 kg后，体蛋白基本稳定在14.5%左右，脂肪含量迅速增加。

表13-2 猪体化学组成变化

体重阶段	水分（%）	蛋白质（%）	粗灰分（%）	脂肪（%）
初生	79.95	16.25	4.06	2.45
25 kg	70.67	16.56	3.06	2.97
45 kg	66.76	14.95	3.12	16.16
68 kg	56.07	14.03	2.85	29.08
90 kg	53.99	14.48	2.66	28.54
114 kg	51.28	13.37	2.75	32.14
136 kg	42.48	11.63	2.06	42.64

第二节　生长育肥猪标准化养殖流程

饲养生长育肥猪是养猪生产的最后一个重要环节，生长育肥阶段猪只占整个猪群的50%~60%，饲料消耗量占生产周期总量的85%以上，生产成本超过整个生产成本的60%，因此，该阶段是决定着养殖场最终经济效益高低的重要时期。这一阶段猪只消化系统和免疫系统已基本发育完善，生长潜力发挥空间大，因此，在遵循猪群生长发育规律的基础上，采用合理的饲养管理措施，达到成活率大于98%、170日龄体重大于120 kg、料肉比小于2.4∶1，最终实现每头母猪年出栏育肥猪头数大于22.5的目标。

一、生长育肥猪舍日常操作流程

1. 巡栏

查看猪群整体情况，按生长育肥猪伤病猪识别标准巡栏。

2. 环境管理

检查环境控制系统运行情况，按照生长育肥舍环境管理标准做相应调整，记录舍内温度、湿度和空气质量，每天早中晚各进行1次。

3. 饲喂管理

按生长育肥猪的饲养方案进行饲喂，执行饲喂管理流程。

4. 饮水管理

检查饮水系统有无堵塞、缺损、漏水等，水压是否正常。

5. 疾病防控

按照免疫程序进行免疫注射，注意观察免疫后的情况；定期驱虫。

6. 伤病猪处理

及时处理巡栏发现的伤病猪，如有疑问，请教兽医。

7. 卫生管理

按舍内卫生管理流程清理栏舍卫生，更换消毒池、消毒桶内消毒液。

二、环境管理

1. 环境温度

生长育肥舍的温度应该控制在 15～23 ℃，温度过高或者过低，都会影响育肥猪的生长。热应激对生产育肥猪的影响较为严重，温度超过 27 ℃会造成其采食量下降，增重缓慢，增加急性猝死症的发病率，死亡率增加。温度过低容易引起生长育肥猪的呼吸道疾病，出现咳嗽、气喘和呼吸加快，食欲减退，生长发育迟缓。

2. 环境湿度

生长育肥舍的相对湿度应保持在 65%～75%。相对湿度过大，会引起病原微生物的增殖，大大增加了生长育肥猪感染疾病的概率；如果相对湿度过小，舍内粉尘增多，容易导致生长育肥猪患上呼吸道疾病。

3. 空气质量

通风换气对于降低育肥舍氨气、硫化氢等有害气体浓度具有很大作用，如果有害气体过多，会直接影响育肥猪的生长性能。舍内氨气应小于 20 mg/m^3，硫化氢小于 10 mg/m^3，二氧化碳应小于1 500 mg/m^3。舍内采用弱光光照，避免强光直射，光照时间 10～12 h，光照强度 50～80 lx。

4. 饲养密度

生长猪为 0.6～0.9 m^2/头，育肥猪为 0.8～1.2 m^2/头。根据圈舍的面积确定群体大小，确保每只猪占地面积符合要求。生长育肥猪分群与断奶仔猪一致，同样根据猪只体重、活力强弱进行，群内猪只体重差不超过 5～10 kg。在分群后，不可随意变动猪群，避免对猪造成不良影响。

三、饲喂和饮水管理

（1）确保猪只自由采食，需确保每头猪间隔 5 cm 的采食空间。

（2）确保料槽内随时有料，理想的料槽饲料覆盖度为 20%～40%。

（3）检查饲料颜色、气味，有无结块、发霉、发热情况，如有立刻停止使用。

（4）合理设置饮水器数量，每个饮水器对应 10 头猪，高度根据育肥猪日龄的增长调整，水流速 1 000 mL/min，水压 103.4～275.8 kPa。

（5）定期对饮水器进行清洗，保证饮水干净卫生，防止饮水被某些病原菌污染。

四、疾病防控

1. 免疫

根据养殖场的实际状况和当地疫病的流行特点，制定合理的免疫程序，并且要认真执行（表 13-3）。坚持全进全出的养殖模式，严格执行生物安全制度。

表 13-3 生长育肥猪免疫参考程序

注射疫苗的日龄	疫苗名称	注射剂量	注射方式
110 日龄	猪细小病毒感染疫苗	2 mL	颈部肌内注射
120 日龄	猪流行性腹泻疫苗	1 头份	颈部肌内注射
130 日龄	猪伪狂犬病基因疫苗	1 头份	颈部肌内注射
140 日龄	猪细小病毒感染疫苗	2 mL	颈部肌内注射
140 日龄	猪乙型脑炎疫苗	1 头份	颈部肌内注射
150 日龄	猪瘟疫苗	1 头份	颈部肌内注射
150 日龄	猪口蹄疫疫苗	2 mL	颈部肌内注射
160 日龄	猪繁殖与呼吸障碍综合征疫苗	2 mL	颈部肌内注射

2. 驱虫

生长育肥猪常发多发的寄生虫病有蛔虫病、肺丝虫病、姜片吸虫病、疥螨病等。定期对生长育肥猪体内外进行驱虫，建议 90 日龄时进行首次驱虫，必要时可在 135 日龄进行二次驱虫，加强防虫效果，并做好粪便的堆积发酵以及杀灭虫源工作。

五、适时屠宰

（一）合适的出栏体重

最佳出栏时机的确定，由生猪品种相关的发育规律、生猪市场价格、饲料价格等多方面因素共同决定。猪只在不同的日龄和体重屠宰时，胴体瘦肉率存在着很大的差异。一般情况下，瘦肉的重量是随着猪体重的增加而增加的，但是胴体瘦肉率却在降低。猪出栏体重超过 100 kg 后，脂肪沉积加速，瘦肉率显著下降，且出栏体重过大，料重比快速攀升，猪舍占用率升高。另外，消费者购买鲜肉偏好瘦肉，因此，130 kg 以下出栏体重的猪更受欢迎。但是如果出栏体重过小，虽然胴体瘦肉率有所提高，但是肉猪还没有达到经济成熟，产肉量少，屠宰率低。我国一般商品猪的出栏体重维持在 110～120 kg。一般来说，饲料价格上涨，猪场最佳出栏体重会有所减小；猪价上涨时则最佳出栏体重有所增加。近几年的生猪价格经常出现异常大幅波动，原料价格大幅涨跌，所以，只有科学、灵活、综合地确定最佳上市屠宰体重，才能提高猪场经济效益。

（二）出栏猪称重标准操作流程

监测生长育肥猪的体重，及时出售达到出栏体重猪只，对提高猪场栏位利用、降低成本、生产利润最大化有重要意义。出栏猪称重标准操作流程如下。

1. 称重时间

120 日龄、计划出栏前 1 周。

2. 工具准备

称重秤、记号笔、记录表等。

3. 人员准备

需要工作人员 2 名。

4. 待测猪只

选择同一栏位内生长最快的 2~3 只猪，做好标记。

5. 称重流程

（1）称重秤校准。

（2）将称重秤放在过道边上，尽量缩小与地面的高度差。

（3）设置待测猪只驱赶所需的门和通道。

（4）工作人员 A 打开称重秤进口门。

（5）工作人员 B 打开栏门将待测猪只赶入通道，利用赶猪板将猪赶进秤中。

（6）工作人员 A 读取体重、记录、标记。

（7）工作人员 B 打开称重秤另一侧的门，让猪从通道的另一头走出并回到栏中。

6. 注意事项

（1）所有猪只体重读数应由 1 个人在同一天完成。

（2）称重要在猪只饲喂后 2~3 h 进行。

（3）赶猪按猪只驱赶标准流程进行。

（三）出栏猪运输标准操作流程

运输在养猪生产上是一个不可避免的环节，在运输途中由于热、冷、风、闷等应激因素，加之在运输过程中猪只间的相互攻击、拥挤，长时间的缺水、饥饿等，给猪只造成强大的应激，机体出现恶性高热和各种神经症状，导致肉品质降低，甚至发生猝死。因此，需严格执行出栏猪运输标准操作流程。

1. 天气查看

提前查看天气预报，根据天气条件调整装车时间，如预报下雨则提前装车。

2. 道路查看

提前观察地形、路况、路线是否顺畅，核定可安全通过的最大车辆，道路是否平整。

3. 工具准备

软质赶猪工具、赶猪拍、赶猪板，夏季必须准备冲水设备。

4. 车辆准备

计算每种运输车类型的有效使用面积、每个隔间的有效使用面积；装载密度不超过 265 kg/m^2，根据猪只体重不同适当调整；注意不得超过车辆核定载重。

5. 运输前的检查

检查猪只是否有卡住、压住、应激（体表发红、口吐白沫、耳后血管暴起发青、喘息声大且急）等情况，出现应激情况可以采取放血、冲水等紧急措施。

6. 驾驶车辆要求

高速路上时速不能超过 90 km/h，普通国道时速不能超过 50 km/h，提速、减速必须缓慢，不能紧急提速、减速、急转弯。

7. 运输过程中检查

每隔 30~60 min 下车检查 1 次，检查猪只是否有卡住、压住、应激等情况，如有及时处理。如果气温过高，停车检查时要及时冲水。

8. 定位监控

车辆安装定位系统，全程进行定位监控。

第三节　育肥猪智慧养殖生产辅助

一、自动计数

猪进场、离场以及盘点计数难度较大，大规模猪场在必要或阶段性定期的盘点中会花费很长时间，统计的数据可能会有些偏差，同时人工盘点或多或少会引起猪只不必要的反应（猪只受惊，乱跑时就更难盘点），通过智能化的视觉计数模块能有效解决生产过程中猪只（特别是仔猪）计数困难的问题（图 13-2）。

图 13-2　自动计数

二、体温异常监测

猪体温在一般情况下均处于固定范围内，如果高于或低于此范围说明猪状况异常，采用人工监测猪体温不太现实，基于热成像的体温自动监测方案已经成为行业首选，能有效提升测温效率，减少人工投入（图 13-3）。同时在生猪疾病早期及时预警，准确定位病猪，防止疫情大面积扩散，将猪群感染造成的经济损失降至最低。生猪温度、图像数据、温度变化曲线实时反馈，集合其他传感器、智能分析技术获取的生猪健康信息、养殖环境信息等相关数据，可辅助管理者对养殖场进行全方位数据化监管，为精细化养殖提供依据和指导。

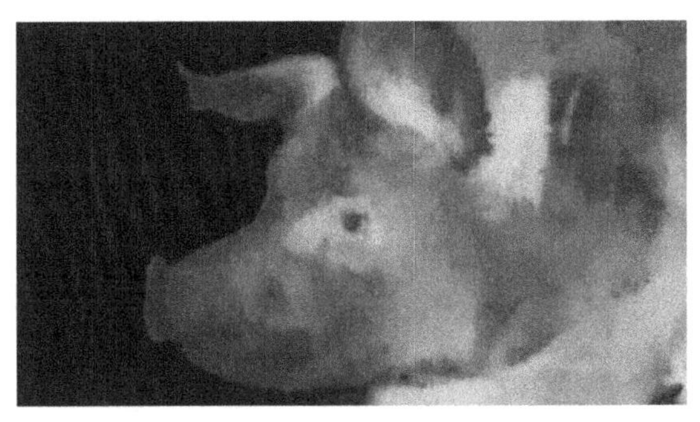

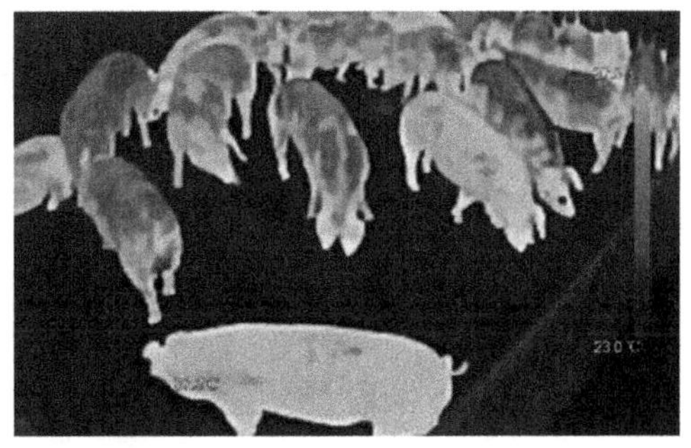

图 13-3　自动化体温异常监测

三、行为异常监测

利用 AI 视觉技术，实时对养殖场猪只和养殖场人员进行行为分析，将 AI 反馈的病理特征、生猪日常行为和异常行为进行归档，通过不断深度学习和病理模型的建立、分析和优化，逐步形成可用的知识库（图 13-4）。从而实现部分疾病、有害生物入侵、安全防控、养殖场人员合规等方面的 AI 监测，将管理从传统的问题检查转为实时管控，实现从管理人员在场管控到 24 h 无人值守管控。

图 13-4　异常行为监测

四、自动料肉比监测

通过设计新型猪舍，配套体重监测设备，猪场管理者可以获取到个体或群体的体重数据，根据日增重实时计算料肉比，以便针对不同猪群调整饲料配方，进一步提升饲料利用率。同时对落后猪进行分群管理，实现智慧养殖实时监测新模式。

图5-2　赶猪板（左）和塑料赶猪拍（右）

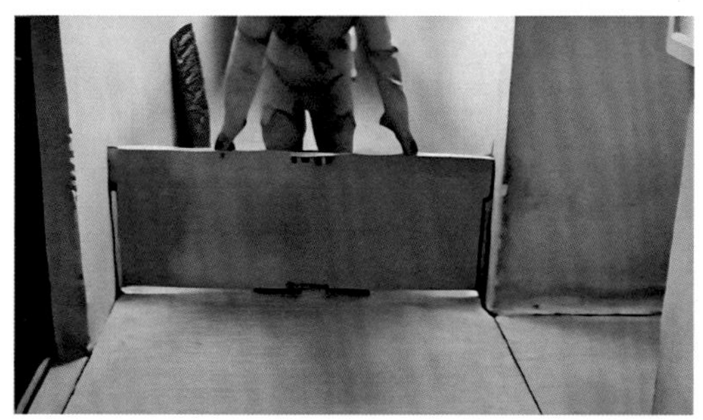

图5-3　猪群驱赶通道设置

图5-4　猪群驱赶过程

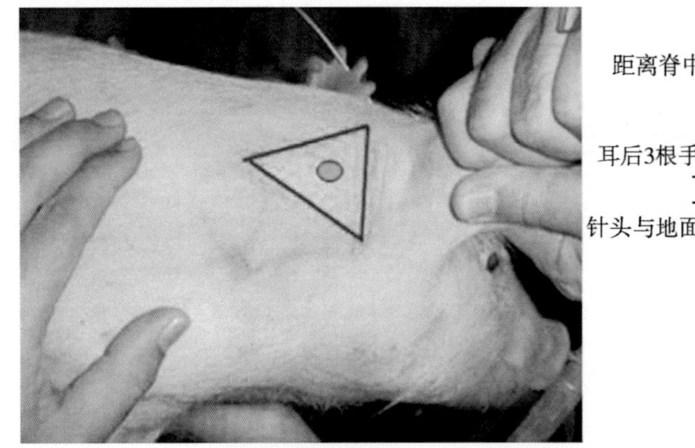

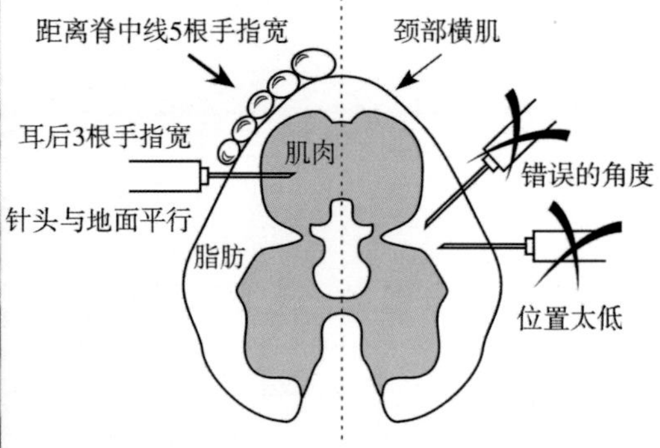

图5-5　肌内注射

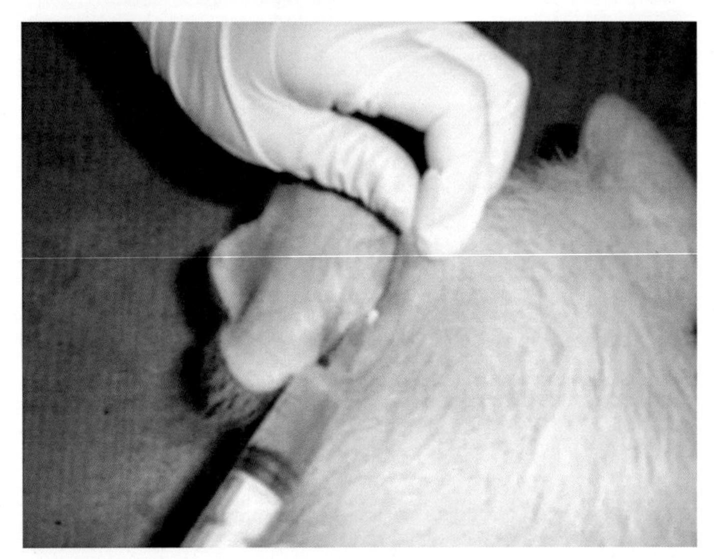

图5-6　皮下注射

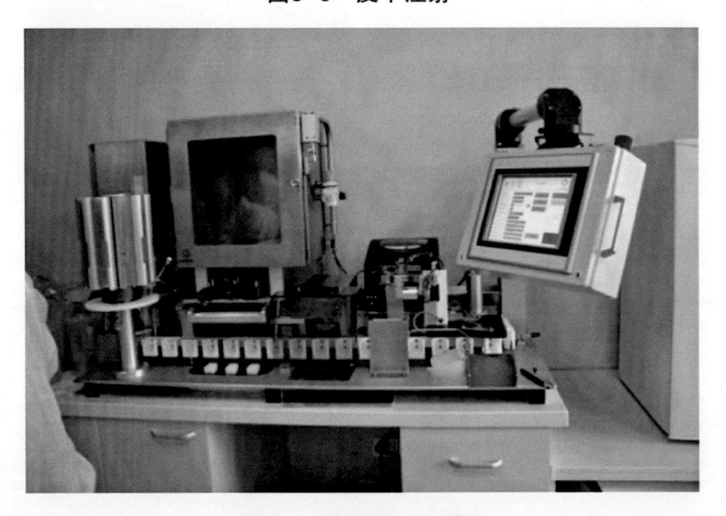

图6-2　精液自动包装机

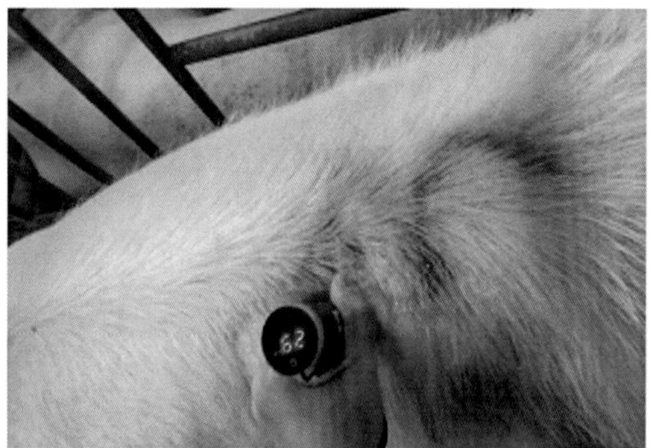

图7-1 使用背膘测定仪评估母猪体况

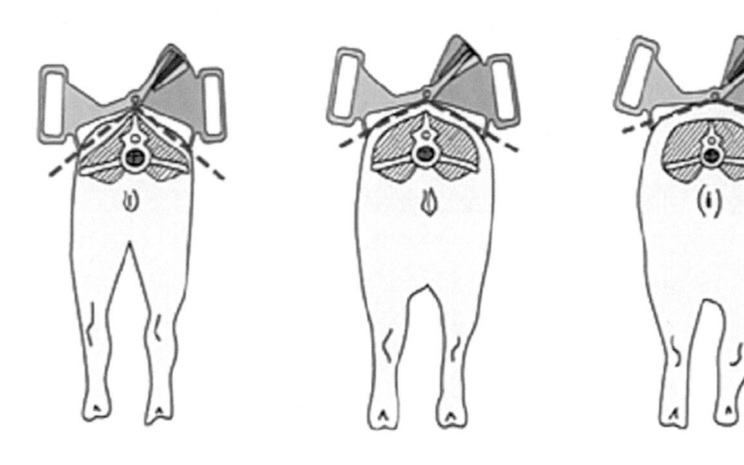

图7-2 使用母猪体况卡尺评估母猪体况

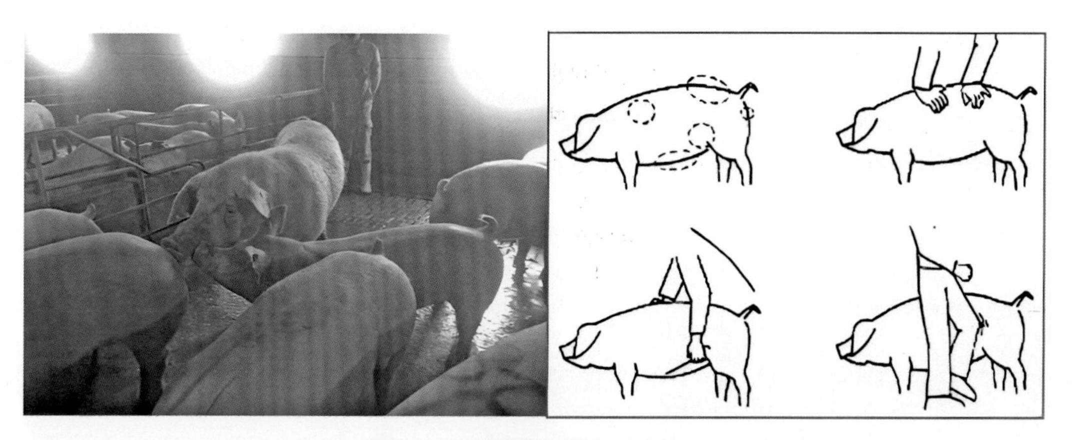

图7-3 公猪接触诱情及人工刺激

刻度范围（cm）	建议操作
94 ~ 102.5	淘汰
＞102.5 ~ 111.1	不配，下次发情再次测量
＞111.1 ~ 117.6	下次配种
＞117.6 ~ 124	可以配种
＞124 ~ 132.5	马上配种，请提前后备母猪的诱情时间，建议165日龄开始

图7–4　体重速测尺刻度说明

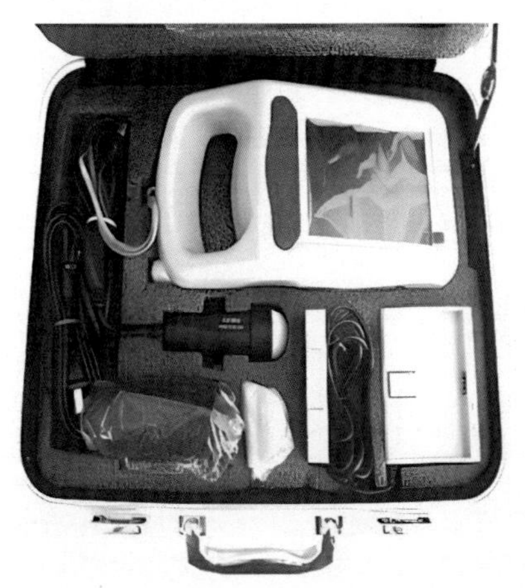
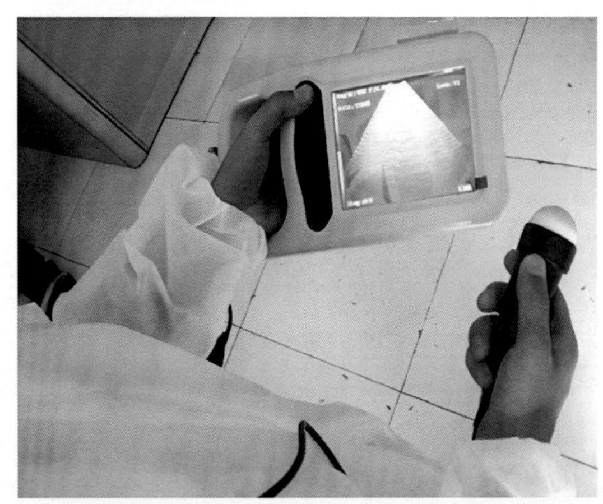

图9–3　便携式B超仪

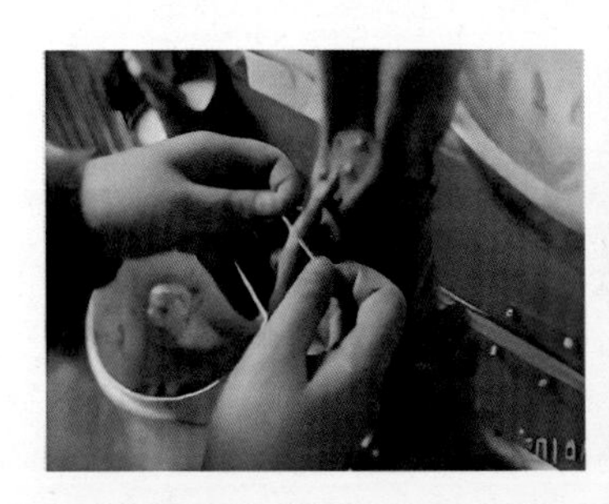
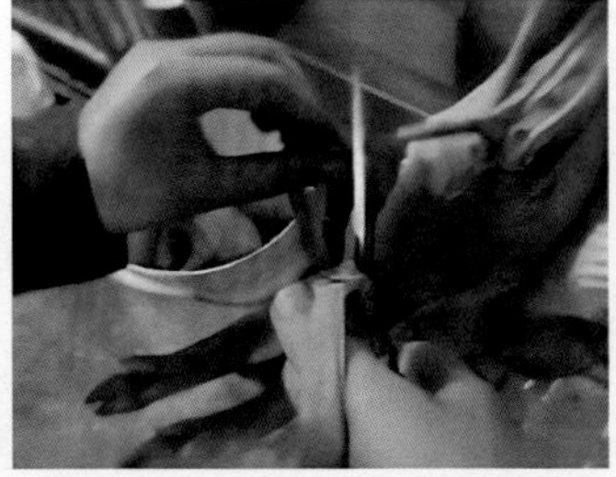

图10–1　结扎法标准操作流程

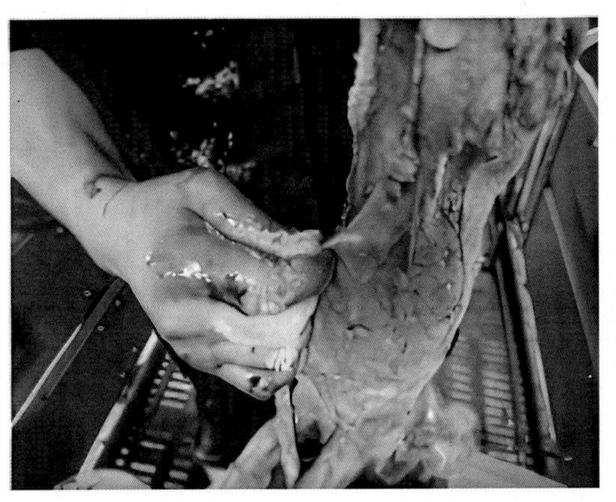

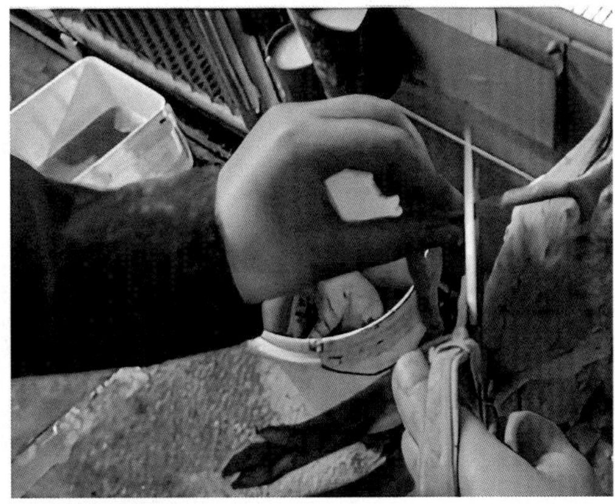

图10-2 捏压法标准操作流程

图10-3 假死仔猪救助过程

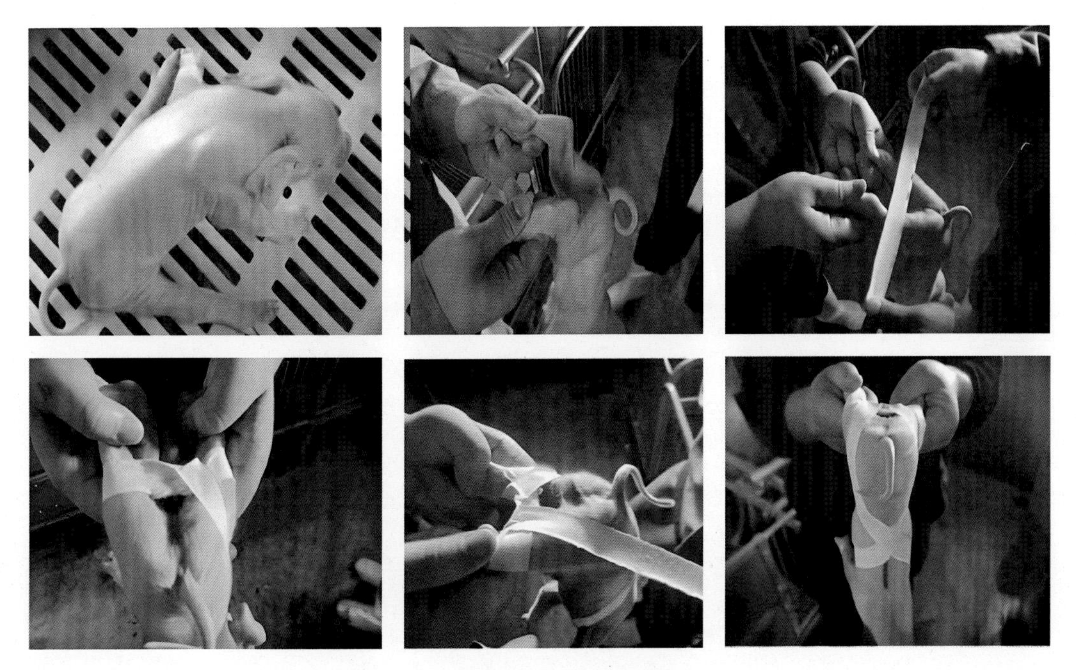

图10-5 后肢开张仔猪护理操作过程

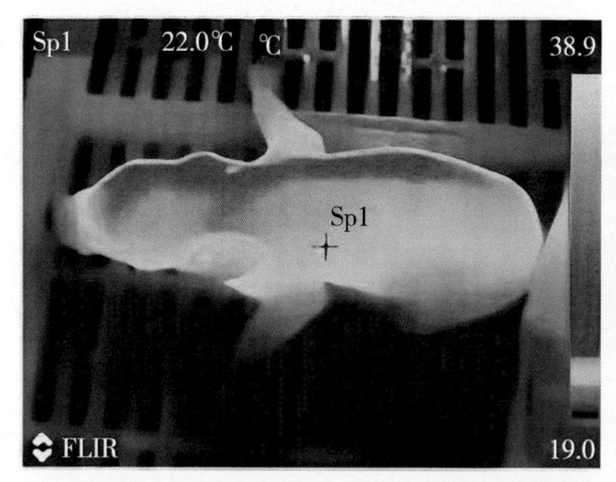

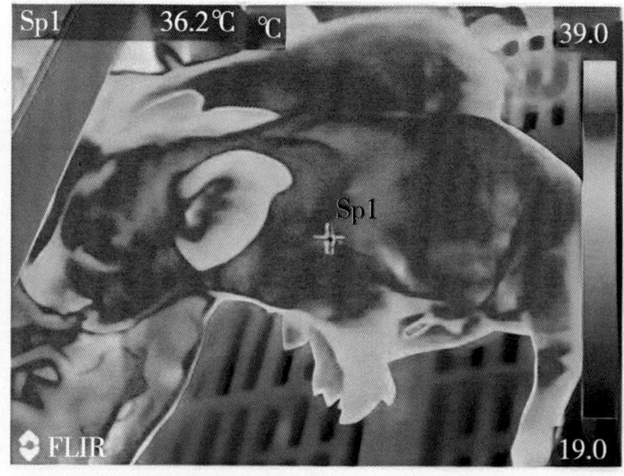

图11-1　未吃足初乳仔猪（左），吃足初乳仔猪（右）

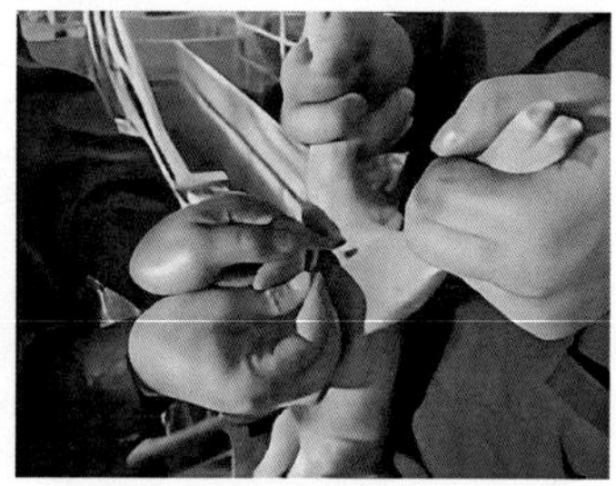

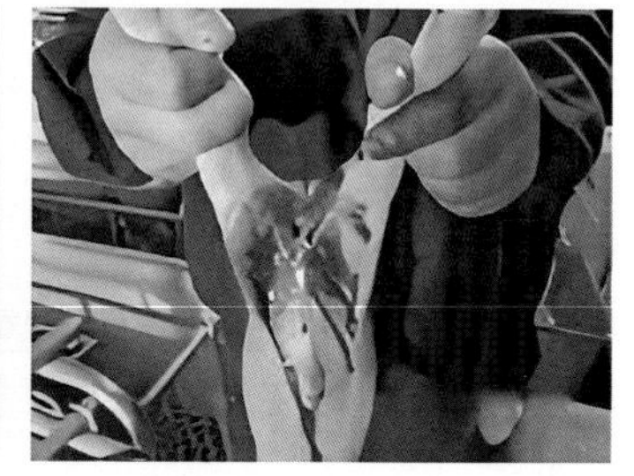

图11-4　仔猪去势流程

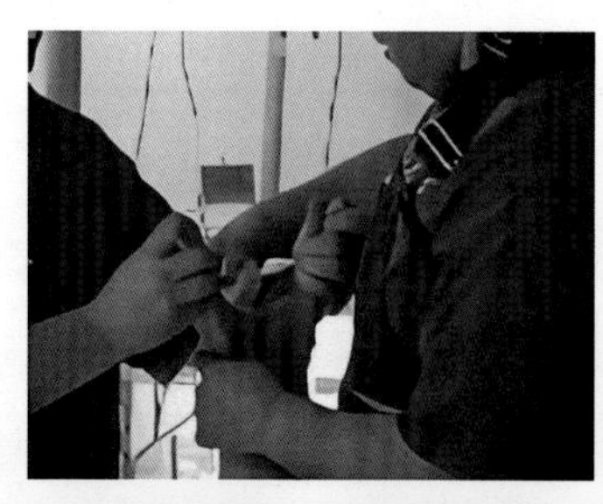

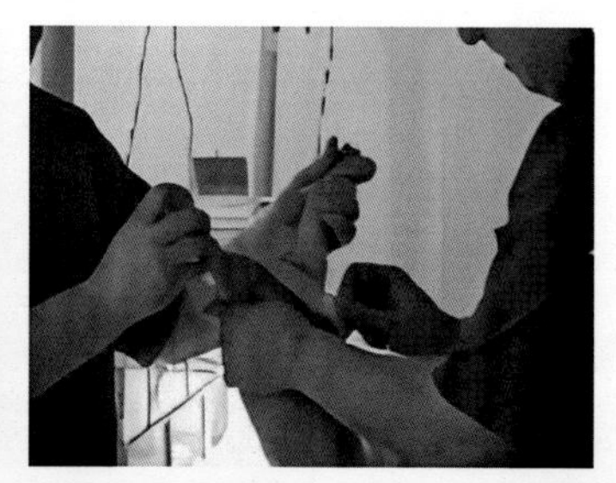

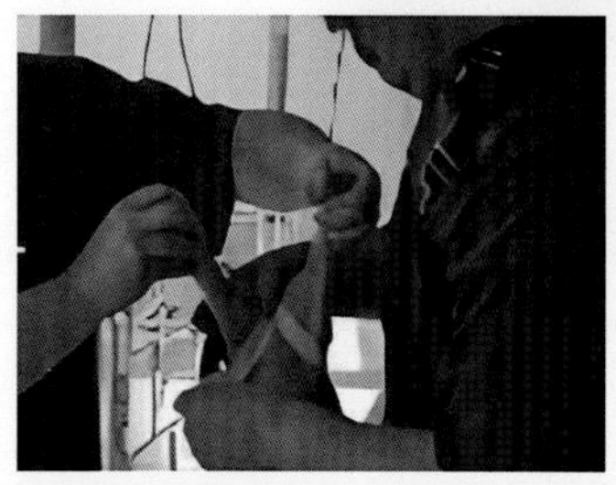

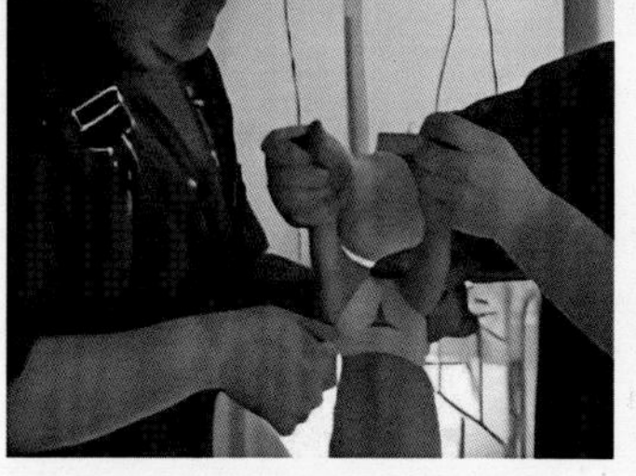

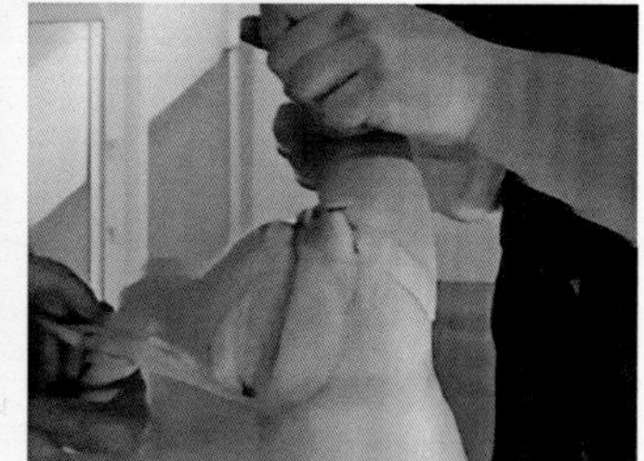

图11-5　胶带修复法标准操作流程

图12-2　不同温度下猪只躺卧行为表现（左：太冷；中：太热；右：适宜）

图12-3　不同饲料盘饲料覆盖率（上：太高；中：适宜；下：太低）

图13-2　自动计数

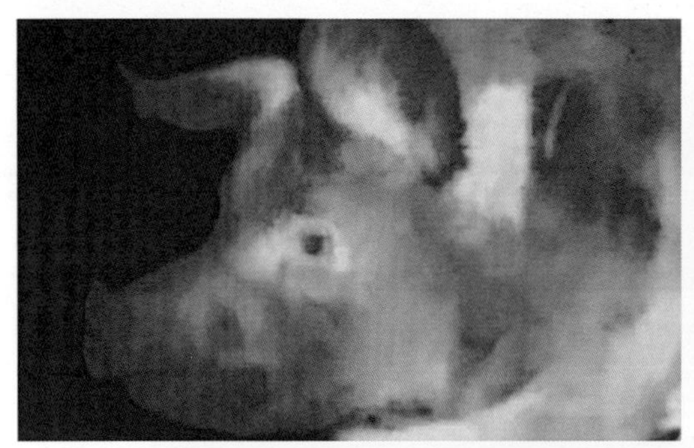

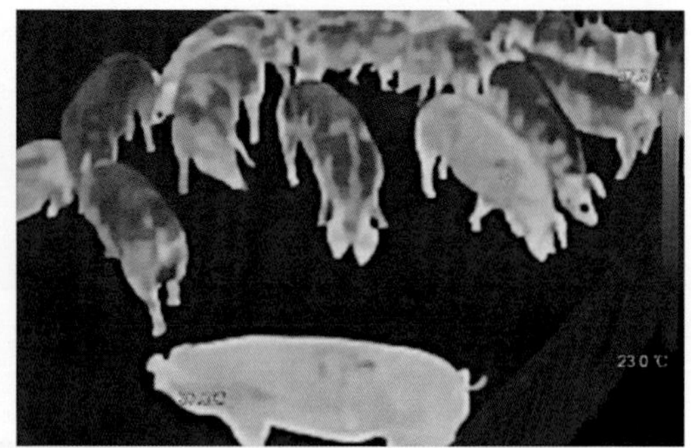

图13-3　自动化体温异常监测

图13-4　异常行为监测